文春文庫

何度でも食べたい。
あんこの本

姜尚美

文藝春秋

あんこを知る旅

あんこが苦手、という人は意外に多いと思う。

実は私も、25歳の頃まで、あんこが苦手だった。甘いし、くどいし、三口で飽きる。

小麦粉や卵やバターを泡立てたり溶かしたり混ぜたりするタルトやパイに比べて、どこまで食べても小豆と砂糖、どれを食べてもあんこ味の饅頭やおはぎは、単純で、面白みに欠ける食べ物に思えた。


でもそれは、あんこのことをきちんと知らないせいだった。

平成12年（2000）の秋、関西の雑誌の編集部にいた時のことだ。

取材で伺った、ある京都のお店の上生菓子を食べて、手のひらを返すように、私はあんこに開眼してしまったのである。

こんなにおいしいものをどうして素通りしてこられたんだろう。

自分の味覚の幼さを悔いると同時に、これまで食べ逃した、ひょっとしてものすごくおいしかったかもしれないあんこを思って狂おしい気持ちになった。

以来、失われた日々を取り戻すがごとく、あんこを知る旅が始まった。

みずみずしいあんこ、ふわふわのあんこ。チョコレート色のあんこ、薄紫色のあんこ。
上等な茶葉をもらった時のあんこ、ミルクと食べたい時のあんこ。
疲れをとってくれるあんこ、おわびに堪えるあんこ。
1年に1度しか食べられないあんこ、家族が揃っている日のあんこ。
その年の小豆の出来不出来、職人さんのさじ加減ひとつで味や色が変わってしまう
繊細なあんこもあれば、ジャンクだけれど泣きたくなるあんこもあった。
池波正太郎に東京のしるこ屋さんがたたえる色っぽさを、
向田邦子に水羊羹のあるべき姿とミリー・ヴァーノンの名曲を教わった。

あんこは、和菓子の命と言われながら、その発祥や歴史については不明な点が多く、
文献も、和菓子について書かれたものに対し、あんこに特化した本は圧倒的に少ない。
製法についても、「習うより盗め」の世界において、
門外不出の風潮が強く、なぜその作業をするのかについて
「祖父の代からこうしているから」という場合も多いので、
Aの店ではこうしているがBの店ではこうしている、だからこんなに味が違う、
という比較は簡単にできないのだった。

そんな事情を踏まえながら、この本では、私の住む京都の街を出発点に、
あんこについて新鮮な発見があった日本各地のお店を掲載した。
素晴らしい自家製あんを作る店、古くから続く製あん所、
吟味した生あんを加工する店、小豆以外の豆を使う店、和菓子屋さん、パン屋さん、
雑穀屋さんまで、すべて等身大の日本のあんこの現在の姿として組み入れた。

また、巻末には、手に入った資料から、あんこにまつわる情報を抜き出し、
調べてわかったこと・わからなかったことをまとめた小さな栞をつけた。
中には眉ツバものもあるけれど、伝説の多さは歴史の長さを、
そしてどれだけ人々に愛されてきたかを物語るバロメーターでもある。
知って楽しいものばかりなので、できるだけ丁寧に断った上で入れた。

本書は、あんこが苦手だったひとりの人間が、
どんどんあんこを好きになっていく未完成の成長記録でもある。
あんこは、知れば知るほど、味わい方が増える。
食べれば食べるほど、おいしくなっていく。
この本を叩き台に、あなたのあんこの発見を足してもらえたら、とても嬉しい。

何度でも食べたい。 あんこの本　目次

大阪

何度でも食べたい。

あんこの本

あんこはみずみずしい。

松壽軒のあんころ餅

（京都市・松原大和大路）

夏の土用の入りの日に作られるみずみずしい「あんころ餅」。おいしいあんこはひと目でわかる。見ただけで喉が鳴る。［松壽軒（しょうじゅけん）］のあんこは、粒子のひとつひとつに砂糖の旨みがしみこんで、ひたひた音をたてて潤っている感じがする。ここのお菓子が大好きなある人は、「ジューシーなあんこ」と言っていた。

京都・松原通にある［松壽軒］を知ったのは、平成12年（2000）の秋のことだ。あるお寺の住職さんが、この店の和菓子を手放しで褒めながら薦めてくれたのに興味がわき、雑誌の取材をお願いしたのが最初だった。

取材のテーマは、秋の京菓子。［松壽軒］は、予約注文分のみお菓子を作る〝上生菓子〟の店であること。上生菓子とは、茶会の趣旨を汲んで作る、鮮度と意匠が命のお菓子であること。お客さんに手渡す時に一番おいしい状態になっているよう、受け取り時間から必要な時間をさかのぼって作り始めること。主役のお茶より目立たぬよう、食べ手の銘をつける楽しみを奪わぬよう、色や形を抽象的かつシンプルにするのが京菓子であること――。ご主人の田治康博さんに京菓子のイロハを教わり、「山路」「よわい草」という銘の〝こなし〟を撮影して取材は終わった。

その後だ。田治さんが、よかったらどうぞ、と言って、その2つのこなしを勧めてくださったのは。

汗がたらりと背中を流れる。こなしというものをご存じだろうか。こしあんにつなぎの小麦粉を混ぜ、蒸して練ったお菓子。見た目、あんこそのもの。「一時避難場所」の、餅も、栗も、どら焼きの皮も見当たらない。

そう。私はその頃、あんこが苦手だった。特に上生菓子は私にとって、見たり聞いたりするものではあっても、食べるものではなかった。お茶なしでは飲み下せないあのねっとり感。砂糖が貴重だった頃をいまだに引きずっているようなあの甘さ。どこから食べてもどこまで食べても代わり映えのしない小豆と砂糖のカタマリ――。食べきれるだろうか。ひと息吸って、黒文字を入れた。ああ、これだ。口中にまとわりつくこの感じ。次は甘さでこめかみが痛くなってくるぞ。お茶は、お茶はどこだ。手が湯のみを探したその瞬間。……あれ？　なんだこれ。うわあ。

「みずみずしい」

思わず声が出た。あんこの粒子ひとつひとつが、しっとりと水分をたたえているのがわかる。口に含んでならすと、一瞬あんこが抵抗するが、次の瞬間、豆と砂糖の素朴な風味がふわーっとほどけるように舌の上で広がっていく。

おいしい。あんこって、こんなにおいしいものだったのか。

あんこ元年。この日を境に、私のあんこを知る旅は始まった。

「あんこがみずみずしい理由？　むつかしいこと聞かはるなぁ……。まず小豆を火にかけて炊きますね。すると豆の細胞がバラバラになります。その時、細胞に穴があいたらあかん。穴があくと水分が漏れるでしょう。すると、すぐ乾くあんこになってしまうんです。でもそれだけじゃない。食品学とか細胞学の話からせんと……」

こなしを食べた10年後。この『あんこの本』が実現することになり、再び取材に訪れた［松壽軒］。ここのあんこはなぜみずみずしいのですか、と今回一番聞きたかった質

上　懐中しるこの粉末あんを固める木型。模様は、夏から秋まで使える、流水、モミジに光悦垣。餅皮を割って椀に入れ、湯を注ぐまでの数秒間だけ眺めることができる景色だ。「100人に1人、気づいてくれはったらええ方かな」と田治さん。
左　創業は昭和7年（1932）。建仁寺と高台寺の御用達、茶人の贔屓も多い店。そう聞かされていたから、初めて訪れた時は、おまん屋さんのようなたたずまいに驚いた。同じ商店街の並びには、食堂に鰻屋さん、果物屋さんにお肉屋さん。京都の人にとっては、上生菓子屋さんもそれらと同じ延長線上にある。

京菓子司
松壽軒
川魚
のと正

問を投げたら、いきなり細胞に穴があく話になってしまった。

「むつかしいでしょ。これはもう口ではなかなか言えへん。同じあんこの形をしてても、100の店があったら100通りの味になる。同時に、最中、きんとん、薯蕷、みんなあんこの炊き方が違う。知らん人にとったら、もう色々やな、となる。だから分析は専門家に任した方がいいんちゃいますか」

あんこを知る旅は、早くも暗礁に乗り上げてしまった。

もちろん、今回初めてわかったこともある。［松壽軒］の粒あんには丹波大納言小豆、こしあんには小粒の丹波大納言小豆と十勝産小豆が使われていること。白あん用の白小豆は、黒くてコクのある備中産より、白くてあっさりした丹波産。いずれも高級かつ上質な豆ばかりだ。水については「水道代より高くつく」ほど気を遣う。

田治さんが「仮に手順を教えて作れるようになっても、お店で買う方が安くつくと思うよ」と言っていたのにもうなずける。

その上、田治さんはお菓子の注文を「ひとつ」でも受ける。普通、上生菓子は1個だけの注文はできない。お菓子1個分のあんこを炊くことはできないからだ。だから5個とか10個といった数を頼む。

「でも、無理して5つ買ってもろて翌日に食べられるぐらいなら、ひとつ頼んですぐ食べてもろた方がいいからね。お菓子はとにかく、出来たてが一番うまいんです」

いつまでもちますか、なんて台詞は禁物。食べる分だけ頼んでくれたらいいから、出来たてを食べて――。こんな気働きをしている店は、それほど多くないはずだ。

そんな［松壽軒］のお菓子でぜひ推したいのが「あんころ餅」。注文できるのは7月下旬、夏の土用の入りの日の頃。京都ではこの時期に暑気払いで食べる風習がある。本来は「おまん屋さん」や「お餅屋さん」と呼ばれる、気どらない和菓子を作る店に並ぶものだが、田治さんはそのあたりも少し考え方が変わっている。

「上生菓子は上生菓子屋、朝生(あさなま)は餅屋、そういう区別はしたくないんです。どちらも京都に根づいているお菓子でしょう。むしろ素朴なお菓子なだけに際立ったものが要求されるぐらいですよ」

「あんころ餅」のあんこはもちろん、上生菓子に使うもの。田治さん曰く、年に2、3回、「今日のは絶対うまいぞ」というあんこが出来る日があるそうだ。いつかきっと、それを味わってみたいと思う。

あんこを知る旅は、まだ始まったばかりだ。

小豆にも旬がある。
亀末廣の大納言

（京都市・姉小路烏丸）

1800年代に建てられた商家を少しずつ直しながら使ってきた店内。「手渡し」を身上とする「亀末廣」のお菓子はここでしか買えない。お菓子作りに励む気持ちを込めて、店名に「御菓子道場」と冠していた時代もあったそうだ。

末廣

竹の器にあんこを詰めただけのお菓子があるらしい。それは11月の終わりから3月までしか買えないらしい――。

その話を知るやいなや、手帳に「竹、あんこ」「11―3」、そして「亀末廣」とお店の名前を書きつけ、足早に現地へ向かった。

「竹にあんが入ったお菓子があると聞いたのですが……」

「大納言でございますね。もう出ております」

江戸時代から続く御菓子司［亀末廣］の重い引き戸を開けると、売り台の一番目立つところに、その「大納言」はあった。きっとこれを心待ちにしてやって来るお客さんも多いのだろう、案内するお店の人の声が心もち弾んでいる。

水引を解き、お濃茶色の掛け紙をとると、半割の竹の中はまさに粒あんのみ。大粒の小豆を抱き込みながらも、ふわっと空気を含んでやわらかそうだ。専用の竹のさじですくって口に運ぶと、豆のふっくらした風味の後に竹の香りが追いかけてくる。小豆の皮のさくさくが、なんとも歯に心地いい。

「大納言」は、収穫されたばかりの丹波大納言小豆の新物が出回る、11月の終わりから3月にのみ作られる。丹波大納言といえば、粒が大きくて香りがよく、皮がやわらかいことで知られる国産小豆の最高級品種。「大納言」は、いわば、その年の小豆の出来を占う、あんこのボジョレー・ヌーヴォーだ。

「毎年、最初に入ってきた小豆を試し炊きする時が一番緊張しますね。1、2回炊けば、今年の小豆がどんな出来か、すぐにわかりますから」

この店に勤めて50年以上になるという職人の大山治男（はるお）さん（追記／現在は引退）が、静かな口調で話してくれた。

恥ずかしながら、このお菓子の存在を知るまで、小豆に旬があることを知らなかった。調べてみると、小豆は、北海道産のものなら9～10月頃、丹波産のものなら10～11月頃に1年分の収穫を行い、生産地や問屋さんなどで貯蔵しながらさみだれ式に流通させるという仕組みになっているらしい。

その年に収穫された新物の小豆、つまり「新豆（しんまめ）」が出回るのは秋から冬。注意していると、スーパーや雑穀屋さんなどでも「平成何年産新豆」と書かれた小豆が売られているのを見かけることがある。ある和菓子屋さんのご主人も言っていたけれど、新豆であんこを炊いている時の香りは格別だそうだ。

「一番難しいのは煮詰め加減です。炊きすぎても、炊き足らなくてもいけない。あまりに粒々させて納豆みたいになっても風味がないし、せっかくの大粒の丹波大納言の腹が割れる(皮がやぶれる)のも、もったいない」

「大納言」は、戦前の頃から続くお菓子。まだ丁稚（でっち）さんが、お菓子の入った箱を持ってお得意さんの家まで訪問販売する「まわり」をしていた時代の話だ。大山さんは、当時

大納言
亀末廣

右　つややかに炊き上げられた小豆の粒が美しい「大納言」。半割の竹に切り込みを入れて片木（へぎ）を差し、掛け紙を巻いて水引を結わえるところまで、お店の人の手で仕上げている。
左上　文化元年（1804）創業。店の看板の枠には、江戸時代、二条城や御所からお菓子の注文を受けた時に起こした木型が。
左下　入ってきたばかりの新豆を見せてもらった。目のさめるような茜色。

現役だった職人さんから受け継いだ昔ながらの製法を、まったく変えることなく今に伝えているという。その話の途中、「大納言」のあんこの甘みづけに和三盆糖を使っていると聞いて驚いた。

「鬼ざら糖も使いますが、和三盆をかなりたっぷり入れています。小豆のくどさは消して、おいしさを引き出してくれるんです」

今、和菓子屋さんのあんこに使われるのは、小豆の風味とケンカしない、さっぱりとした上品な甘さの白ざら糖が主流だと聞いた。和三盆糖はコクがある代わりに独特のクセもある。あんこに使われるのは珍しいのではないだろうか。「大納言」をはじめ［亀末廣］のお菓子には、甘さに独特の厚みがあるのだが、その理由が少しだけわかった気がして嬉しかった。

ところで、［亀末廣］で毎日少しずつ大事に炊かれる生まれたての丹波大納言、赤ん坊が日に日に成長するように、小豆も少しずつ変化していくらしい。

「12月、1月、2月と暦が進むにつれて、皮が固くなって煮えにくくなったり、かと思えば、中ほどの時期の方が味がよくなったり。小豆の状態を見ながら一定の味に炊き上がるようにはしていますが、その微妙な変化を楽しむために、2回、3回と買いに来られるお客さんもおられるんですよ」

［亀末廣］には、自分の好きなお菓子の出始めに敏感なお客さんが多いそうだ。女将さ

んも「大納言がお好きな方は、ほんとに大納言ばっかり」と笑っておられた。出始めといっても、そこは旬のもの。毎年日程が固定しているわけではないから、もう出たかな、そろそろかなという頃合いを見計らって電話をかける。店に寄る。「旬の小豆」「旬のあんこ」を食べようと思ったら、それくらいマメにならなければいけないのだ。よし、まずは気持ちだけでもと、来年の手帳の11月のページに「亀末廣、大納言」とあらためて書いてみた。

〈追記〉「大納言」の販売時期は現在、12月初旬〜3月下旬となっています。

景色のいいお菓子。

紫野源水の松の翠

（京都市・北大路新町）

右　シャリシャリとしたすり蜜の食感が心地よい「松の翠」。「こうして見ると岩から出た、さざれ石にも見えますね」と典子さん。お皿は茂さんが焼いたもの。
上　店には季節の花が、いつも可憐に揺れている。襖には茂さんが慕っていた日本画教室の先生、故・赤松燎（あかまつりよう）さんが描いた白鷺が、３羽。

この「松の翠」というお菓子を知ったのは、ある春先、知人に、ほい、引っ越し祝い。と手渡されたのが最初だ。千代紙の貼り箱の中には、黒い漆のような色をしたフィンガーサイズのお菓子が６本。箱の色とお揃いの、薄桃色の貝の干菓子もちょこんとのっていた。

「松の翠」は、羊羹の上に、丹波大納言小豆の蜜煮を寒天ごと流し、すり蜜で固めた、とても手の込んだお菓子。口に含むと、すり蜜がすーっと体温で溶け出し、やわらかい羊羹、ふっくらした小豆の風味と合わさって、そのおいしさに胸がいっぱいになる。

この素晴らしいお菓子を作っているのは、京菓子司「紫野源水」。お茶席用のお菓子などを受注して作る、いわゆる上生菓子屋さんだ。

創業は昭和59年(１９８４)。現店主の井上茂さんで1代目だが、裏千家をはじめ、第一線のお茶の先生方の出入りも多い。一方、「松の翠」や最中、干菓子など、常時買えるものもあるので、お茶をやらない私のような者でも用事があるのが嬉しいし、奥さんの典子さんが気さくに応対してくださるので、つい足が向いてしまう。

そんな「紫野源水」の「松の翠」、初めて口にした時は、小豆と砂糖だけで、一体どうしたらこんなにおいしいものができるんだろう、と思ったものだ。茂さんにそう告げると、すり蜜の具合がとても難しいお菓子なのだと教えてくれた。すり蜜とは、砂糖と水を煮詰めて冷まし、かき混ぜて白いクリーム状にしたものである。

「中の羊羹や小豆が生菓子でしょ。そっちの水分がちょっとでも多いとすり蜜が溶けてきよるんですわ。あと、季節によって、天候によってても手加減が変わってくる。もしかしたら、これは、京都の風土が作っているお菓子なのかもしれません」

京都の風土といえば、京都では水っぽいのや旨みのない味のことを「水くさい」と言って嫌う。対して、素材を生かした巧みな味つけは「薄味」。つまり「薄味」は褒め言葉で、「水くさい」は悪口だ。茂さんが作るあんこは、まさに「薄味」。何かの本で、茂さんがこしあんを10回以上さらすと読んで驚いたことがあるが、「松の翠」にしろ、夏の水羊羹「涼一滴（りょういってき）」にしろ、淡い淡い味の中にもしっかり小豆のエキスが感じられる。

「甘さ控えめがいいみたいに言われてますけど、砂糖を減らしたら控えめに感じるかと言えば、それは違う。ただの水くさいあんこになってしまうんです。うちのあんこは、〝一瞬ぬめっとした粘りを感じるけど、途端に、さーっと口の中で溶けてしまう〟と言うてもらうことが多いんですが、それには小豆と砂糖の炊き方に色々な工夫がある。砂糖の量は多くもなく少なくもなく、がいい。そしたら、あんこにしっとり感が出て、お濃茶にも堪える味になるんです」

ところで、「紫野源水」は、使っている小豆もすごい。「松の翠」の蜜煮や粒あんに使う丹波大納言小豆は、80歳を超える丹波の農家のおじいさんに直接頼んで作ってもらっている。業者を通さないので、クズ豆の手選り（てよ）りもご夫婦でされていると聞き、驚いてし

上　一番小さい「松の翠」６本入りの箱に、干菓子を添えて。贈る側も気楽で、贈られた側にもお返しの気遣いを感じさせない。こういう贈り物をたくさん知っておきたいと思う。
左　二条城そばで江戸時代から続く京菓子司［源水］を本家に持つ。のれんの字は、その６代目、茂さんのお父上の筆によるもの。

紫野
源水
京菓子司

まった。

「そらもう大変ですわ。選んだら1割ぐらい豆の量、減ってしまいますしね。夫婦揃って老眼鏡してやってますわ」

でも、その豆で作るあんこは、比較にならないほどいい味だそうだ。私も味見させてもらったが、特に白小豆の粒あんのコクと皮のおいしさが印象的だった。その豆との出会いのいきさつも面白い。

「お菓子のアイデアを練るのに、色合わせとか、花のスケッチとかが勉強できたらいいなと思って、日本画教室に通ってたんです。そこに、その農家のおじいさんも習いに来られてて。ある時、先生に自分の作った小豆を見せておられたので一緒に僕も見せてもらったら、色は揃ってるし、粒は揃ってるし、噛んでみたら、カーン！　と弾けるようによく乾燥してて、風味も食感も最高やった。そしたら先生が、ここの豆使ったらええやないかと言ってくれたんです」

いい菓子職人といい小豆農家を引き合わせたのは、意外や、日本画の先生だった。その先生は、平成8年（1996）に他界された。日本画を描けるようになるためではなく、日本画の世界をお菓子作りに生かすために教室に通う茂さんを理解し、「弟子にひとりだけ絵描かんやつおる」と言って、とても可愛がってくれたそうだ。

茂さんが銘をつけた「松の翠」の翠とは、永遠のみどり、常緑樹の葉を意味する。羊羹の黒い肌に小豆の凹凸で松の幹を表現したこのお菓子にみどりの葉はないけれど、幹から伸びる枝葉の絵が、そこにちゃんと見える。いい景色だ。お菓子を眺めながら、思わず心でつぶやいた。

野暮じゃない味。
銀閣寺 㐂み家の
あんみつ／白玉煮あづき
（京都市・銀閣寺）

器の深さ、色合い、量、つや。「銀閣寺 㐂み家」の「あんみつ」は趣味がいい。豆を炊いただけのものでもいい、きちんとしたものを食べなさい。そう言われているようだ。この日、寒天は黒みつをかけたとたん、どんどん水っぽくなってくるからさっさと食べなければならないことを、店主のれいこさんに教わった。

ほうぼうに聞いて回ったわけではないが、東京のあんこの〝塩っ気〟が気になる、という京都の人は結構多いのではないだろうか。かくいう私も例にもれず。特に、あんみつによくそれを感じる。

弁明（?）のために言っておくと、東京のあんみつには羨望と憧れの念を抱いている。仕事で東京に行った時などには、合間を縫ってあんみつ屋さんに入ってみるのだが、当たり前のようにこしあんがのってくるのが洒落ているし、直角にスパッと切れた寒天、気前よくのった干しあんずが嬉しくて、いつも身悶えしてしまう。何より、あんみつ屋さんの数が多いのがうらやましい。それだけに、あんこの〝塩っ気〟が小骨のように引っかかってしまうのだ。

「私たちもお店を始めた当初はずいぶん言われましたよ、〝塩気が強い〟って。京都の人は塩を敏感に感じるんだな、って思いました」

私が「東京あんこ塩っ気問題」を吐露すると、［銀閣寺 㐂(き)み家(や)］の北村(きたむら)れいこさんがそう話してくれた。

［銀閣寺 㐂み家］は、東京生まれ・千葉育ちの姉妹、姉のれいこさんと妹の渡邉裕子(わたなべゆうこ)さんが、京都の左京区に開いた甘味処。平成12年（２０００）の節分の日、春の桜を待つ哲学の道の一本西にある、鹿ヶ谷(ししがたに)通にオープンした。

「豆かん」と染め抜かれた旗が表になびく通り、寒天に赤えんどう豆をのせて黒みつで食べる、東京の下町の味「豆かん」が看板だ。

でも、あんこ好きである私としては、ここに誰かを連れてきた時には、店のすべてのあんこのベースである〝煮あづき〟を使った「白玉煮あづき」を薦めて、この店のあんこのおいしさをまず予感してもらう。「なつかしい味がする」という北海道大粒小豆をとろりとシンプルに煮上げた、甘さのきれいな茹で小豆だ。

そして次に、「あんみつ」を薦める。〝煮あづき〟の水分を飛ばして固めに練り上げ、豆の風味を凝縮させたつぶしあんがとてもいい。アイスクリームディッシャーでまるまるとのせた堆積感のあるその姿は、まるであんこの小惑星だ。あんずの里と呼ばれる、長野県千曲(ちくま)市から取り寄せている、生あんずのシロップ漬けがのっているのも珍しい。

こしあんでこそないけれど、あんずと寒天にこだわった東京風のあんみつは、ここで食べたのが初めてだった。そのおいしさに、これが東京風であるならば、世の中すべてのあんみつが東京風になればいいのに、と思ったものだ。

それにここの「あんみつ」については、不思議と例の〝塩っ気〟が気にならない。

「ふだんから塩加減については、気をつけてます。やっぱり地元のお客さんにおいしく食べてほしいし、だけど、自分たちの親しんできた味も守りたいから」

そう話すれいこさんたちにとっては、当然ながら、京都の甘さが気になる。

「みたらし団子のたれも、おいなりさんも京都のは甘いなぁ、って。ぜんざいなんて、

右上　小豆好きにはこたえられない「白玉煮あづき」。大文字山に登る時は、この持ち帰り用を買う。頂上で食べると疲れが一気に溶けてしまう。
右下　ご両親が夫婦で鉄砲片手に猟に行くような「本当に食いしん坊な家」で育った、れいこさん（右）と裕子さん。家のお雑煮のだしは、ジビエでとっていたそうだ。
左　台所では“煮あづき”が炊かれていた。炊き上がりは豆の表情でわかる。「おいしいものって、おいしい顔をしてますよね」と、れいこさん。豆のふっくらした香りが小さな店いっぱいに広がる。

鼻の奥がきんきんする。京都がぜいたくな甘さの文化だとしたら、江戸は甘じょっぱい文化。江戸のおやつは庶民のものだから、塩を利かせて、ちょっとの砂糖を最大限に生かしたんでしょうね」

甘さと塩加減については一家言持っている様子の裕子さんを見て、れいこさんが言った。

「小豆を炊く時の塩加減は私と裕ちゃんの間でも駆け引きがあるよね。もうちょっとでしょ、いやこれぐらいじゃない？　って」

店の始まりは、京都の料理屋さんに嫁いだ、れいこさんのひと声がきっかけ。子どもを大学に入れたのを機に、「ずっと続けられる何か」をやりたいという思いが芽生え、千葉でマクロビレストランを開いていた裕子さんを呼び寄せ、自分たちが親しんだ豆かんやあんみつを紹介してみようと、京都で甘味処を開店した。

そのうち、れいこさんの嫁ぎ先の料理屋さんの名物だった京都風の白みそ雑煮が加わり、さまざまなところから京都にやってくる人々のために、地小豆である丹波大納言小豆を使ったぜんざいも出すようになっていった。

「白みそ雑煮なんて、意外に京都の方のほうがたくさん食べに来られるんですよ。家じゃお正月にしか食べられないのにここに来たら冬から春まで食べられる、って」

人は移動する。人が移動すると味が越境する。それがあんこの塩加減ひとつであろうとも、ためらいながら、揺れながら、折り合いをつけて新しい味が生まれていく。

取材中、江戸と京都の味の違いについて話していた時、裕子さんが「粋の反対語は野暮らしいよ」と言った。その時、れいこさんが「そうなの？　野暮はやだな」と言っていたのが印象的だった。

粋とは、きまるべきところできまる美。でも「これこそが粋だ」と粋がることは、もっとも野暮だと聞いたことがある。

私が好きなのは、もしかしたら東京風のあんみつではなく、東京生まれ・千葉育ちの姉妹が京都の地で作るこの「野暮じゃない」あんみつなのかもしれない。

職人気質のセルフ最中。

中村製餡所のあんこ屋さんのもなかセット

（京都市・大将軍）

粒あん・こしあん・白こしあんから選べる「あんこ屋さんのもなかセット」。あんこは、計10組の最中皮にどれだけたっぷり挟んでも余る太っ腹な500グラム。理由は「たくさん食べてほしいから」。慣れた人は皮だけ追加で買いに来るそうだ。アイスクリームやバターを一緒に挟んでもふやけることなくおいしい。

「一条通にすっごい最中(もなか)を出す製あん所があるよ。行っといで」

西に有望な筆者ありと聞けば仕事を依頼し、東に悩む作家あれば激励し……というスジガネ入りの人格編集者であるS先輩は、今度『あんこの本』を書くんです、と近況報告しただけで、その日も間髪入れずに正解をくれた。

その最中は、あんこと皮が別売りになっているセルフタイプで、自家製あんこはもちろん、アイスクリームを挟んでもにわかには溶けない焦がしの皮が絶品らしい。

善(あんこ)は急げ、だ。自転車にまたがり、さっそく出かけた。

向かった先は、北野天満宮そばの大将軍(たいしょうぐん)商店街にある［中村製餡所］。外観は「駐車場兼倉庫」といった感じで躊躇するが、よく見ると、毛筆で「あんどうぞ」などと書かれた案内板がある。事務所の窓には「あんこ屋さんのもなか1日限定30セットの販売になります」の張り紙。やはりここだ。

声をかけると、すりガラスの窓の向こうで人影が動き、男性が出てきてくれた。

「粒あん、こしあん両方ありますけど、どうしましょ」

なんと白のこしあんまであるという。あんこはどれも500グラム、最中の皮は10組入り。秒速で迷った末、粒あんを選んだ。

家に帰り、さっそく儀式に入る。菊形の皮がこわれないよう慎重に、あんこを山形に盛り上げ、すきまができないようサンドする。

　サクッ……。

すごい。真冬の地表に降りた霜を踏むような軽さだ。それに、あんこのおいしいこと。粒あんにもかかわらず、小豆のえぐみみたいなものがきれいに取り去られている。甘さも清らか。すがすがしい。教えてくれた先輩に心で感謝しながら、さっそく取材を申し込んだ。

［中村製餡所］の創業は、明治41年（1908）。和菓子屋さんなどに生（なま）あんや練りあんを卸す、製あん所の老舗だ。現店主は4代目の中村吉晴（よしはる）さん。あん作りに関して一番神経を使うのは、やはり小豆の仕入れだそうだ。

「やっぱり安い豆から取り合いになるんです。でもそっちは、はなから見てないですね。農家の方は、100パーセント小豆の良し悪しをわかってます。わかって値段をつけてる。だから、安いのはまずい。逆に、高くてまずい豆はないんです。うちは北海道産の豆を仕入れていますが、品種は決めず〝その年最高の豆〟という決め方をしています」

　こと小豆になるとキッパリした口調の中村さんだが、うちのあんこを食べてあんこが好きになったと言ってくれる人がとても多いんです、と話す表情はやわらかい。

「でも、どうしておいしくできるのかは、作ってる僕にもわからないんですよね。だから、昔からのやり方を変えずにやるしかなくて。いかに機械化しないか。手で触り、目で見て、小豆と会話するか。この2点に全力を注いでいます」

右　小豆の色を自然の光で確認できるよう、頭上には天窓が。こわれては直しながら使い続けている古い道具や機械は、「博物館級」と機械屋さんに笑われたこともあるそうだ。
左　小豆が煮えたところ。小豆の煮汁は、道具を洗うときれいに汚れが落ちるので、捨てずに少しとっておくそうだ。調べたら、小豆を茹でた時に出る泡を、江戸時代には「シャボン」と呼んで洗剤として使っていたらしい。

変えなければ、変わらない。実際、昭和55年(1980)頃まで、京都市北部にある北山杉の一大産地、周山(しゅうざん)から5トントラックで運ばれてきた薪をくべ、その火であんこを炊いていたというから、恐れ入る。

「炊いてましたねえ。深夜の2時3時から、薪くべ専属の人に来てもらって。運ばれてきた木材にクワガタムシがついているのが嬉しかったのをよく覚えています」

そんな旧きよき製あん所の姿をとどめる「中村製餡所」に、ちょっとモダンなスタイルの「あんこ屋さんのもなかセット」が登場したのは、平成12年(2000)のこと。

「うちは、今も基本的には、和菓子屋さんなどへの卸がメインです。でも昔から、ご近所の方なんかに、お宅のあんこ分けてくれへんか、と言われることが多くて。じゃあ、うちのあんこをもっと手軽に食べてもらえる形はなんだろう、と思って作ったものなんです」

職人気質の中村さん、同じやるなら、と最中の皮にもこだわった。

「全自動で焼いた皮は香ばしくないいんですよね。口にへばりつくし。最中の皮のことを僕たちは『種(たね)』と言うんですが、今うちで使っている種は、職人のおじいさんが、一枚一枚手焼きで焼いておられる種屋さんのものを仕入れています。でも、しんどそうでね。万が一できなくなったら、うちが修業して継ぎますよ、って言ってるんです」

どこまでも職人サイドな思考回路の中村さんなのだった。

「やっぱり、あんこが大好きなんですよ。あんこを見たくもない、なんて和菓子屋さんもいるって聞きますけど、自分が好きでないとおいしいものが作れないと思う」
　朝食は、家族全員、一日も欠かさず小倉トースト。小学生の時、友達に変な顔をされて、初めて自分の家だけだと気づいたそうだ。

〈追記〉「あんこ屋さんのもなかセット」は現在、数量を限定せず、常時販売されています。

女同士の、お約束。
冨美家の亀山
（京都市・錦市場）

店で働く女たちのキャリアは長い。会長の藤田さん（右端）、この日は急用で欠席だった最古参のパートさんを合わせると合計勤続年数１０８年だった。

冨
美
京の味
冨美家の
うどん類
お好み焼
の宅急便に
よる地方発送
冨美家の
お好み焼
まぜて焼くだけ
七味

なべ焼きうどんが好物のうちの母は、寒くなると決まって、「昔、河原町四条に〝女性専用〟の冨美家があってなぁ……」と話し出す。

女性専用？　ラッシュアワーの電車じゃあるまいし、と、最近までかなりいい加減に聞いていたのだが、ある冬の日、「冨美家」でなべ焼きうどんをすすっていたら、食堂にしては女性客が多いということに気がついた。別の日の昼下がりなどには、おばあちゃん2人連れがやってきて、麺類のオーダーをすっ飛ばし「おぜんざいふたつちょーだい」とやっていた。

「はいはい。女性専用のね。あったんですよ、今の河原町オーパさんのあたりに」

そう教えてくれたのは、京都の台所・錦市場にある「冨美家」の会長、藤田冨美子さん。屋号の2文字をファーストネームに持つ、れっきとした長女である。

「うちはもともと甘味処だったんです。それで、昭和半ば頃になべ焼きうどんも始めて、父が両方食べられる女性専用の支店を作ったんです」

え、えーと、甘味処でなべ焼きうどんで女性専用。なんだか面白そうじゃないか。

話は、藤田さんのお父さんが、京都の呉服問屋街・室町へ丁稚奉公に出ていた頃にさかのぼる。奉公を終え、20代で独立したお父さんは、現在の店がある錦市場に女性の小間物屋「冨美家」を開いた。商品は半襟や帯締め、石けんに化粧品。しかし戦争ですべてを失い、これからは洋服の時代だ、と閉店。人工甘味料のサッカリンが流行するほど甘いものに飢えていた終戦直後の昭和21年（1946）、「本当の砂糖を使ったぜんざいを出そう」と甘味処を始めた。

甘いものもそれほど珍しくなくなると、今度は女性誌がダイエット特集を組み始めた。もはや甘いものだけではダメか。次はなんだ。餅はある。俺は無類の麺好き。憧れのなべ焼きうどんを少しでも安く食べられれば、みんなどんなに喜ぶだろう。昭和38年（1963）、「冨美家鍋」誕生。焼き餅が2つも入った、名物なべ焼きうどんが生まれた。そして。

「ある日、父が女性専用の店作るぞ、って言い出したんです。当時、男の人に食べるところを見られるのが恥ずかしいという女の人が多かったので、女同士で遠慮なく、食べたいものを食べたいだけ食べてもらおう、って。まあ、行列ができましたね」

そういえばうちの母も「男の人に見られんで済むのがよかった」と言っていた（つつましい時代である）。なべ焼きうどんと甘味、両方食べられるのが楽しみすぎて、「友達に会いに行くついでに冨美家」だったのが、いつのまにか「冨美家に行く口実にその子と会う」という本末転倒なことになっていたらしい。身内の些末な話で恐縮だが、それほどセンセーショナルだったということである。

「だからうちは今も女性のお客さんが多いのかもしれません。甘味処の頃を知ってる古いお客さんも多いので、麺類を頼まず、甘味だけでも全然かまわないんですよ」

右　「冨美家鍋」に使っている餅を網焼きして自家製あんこをのせた「亀山」。スプーンというのがいいではないか。これは一等シンプルな“日本のパフェ”だ。
左　撮影後、「冨美家鍋」を頂いた。所望すると七味の小袋を鍋のふたにのせて持ってきてくれるのだが、本書のカメラマンが「これ、家で使いたいからもらっちゃっていいスか」と訊くと「ハイ、もらっちゃっておくれやす」と店のおばちゃんに返された。

ようこそ いらっしゃいませ
やさしい
贈物 京味 冨美家鍋

甘党メニューは開店当時からほぼ変わっていないそうだ。水分をしっかり飛ばしたサクサクの自家製あんこを焼き餅にのせた、京都ならではの甘味「亀山（かめやま）」もしかり。

「市場の食堂なので気軽に食べていただけたらそれでいいんですけど、材料も一応こだわってて……。小豆は、高級な和菓子屋さんが使う丹波大納言のLサイズで、父が炊いていたやり方通りに、専属の者が炊いてます。砂糖は白ざら糖。お餅も、滋賀の江州米（ごうしゅうまい）の羽二重という餅米をうちで搗（つ）いてるんです。伏見の日本酒の工場を半分貸してもらって作っているので、いい地下水にも恵まれて」

本当はここに、1日200食は出るという「冨美家鍋」について聞いたあれこれもたくさん書きたかった。だしの昆布から持ち帰り用パックの卵のサイズまで、これほどありとあらゆることに気が配られてあの味と良心的価格になっているかと思うと、愛がますます深まってしまう。

「父が相場というもんを知らん人で……何か始める時は、できるかどうかは別にして一番いいもんはなんや、ということから考える人でした。素人やからね、言うても」

そう謙遜する藤田さんだが、最高の素人は、最高の客でもある。そうでなければ、男の人に食べているところを見られたくない、なんて女ゴコロはつかめない。

「中華ツー、亀山ワン」

このあんこ本の会議は、いつもどこかの甘味処で開かれた。もちろん、この［冨美家］

でも。担当編集者（女性）と、中華冷麵で腹ごしらえしてから打ち合わせしようと言い合ったのに、「亀山」1人前をつついてるうち、全然カンケーないおしゃべりになってしまい、まったく仕事にならなかった。

女同士の［冨美家］は、今も昔もかしましい。

〈追記〉［冨美家］はその後、店舗の老朽化のため食堂部分を堺町通蛸薬師下ルに移転（P309）。モダンな店構えになりましたが、「冨美家鍋」や「亀山」をはじめ、往年のメニューも健在です。

こねるな、なぶるな、出しゃばるな。

出町ふたばの豆餅

（京都市・出町柳）

右　可愛らしい生き物のような「豆餅」。大原女が出町界隈を行き交っていた頃は、この2倍の大きさがあったそうだ。
上　ベテランの男性陣がなめらかな動作であんこを餅に包んでいく。「蒸気のある所で働いてるからか、皆さん本当に元気です」と女将さん。

これは、東京のある和菓子屋さんのご主人が、「出町ふたば」の「豆餅」を指して言った言葉だ。塩の利かせ具合、赤えんどう豆の固さ、あんこと餅の比率。そのバランスのよさが、東京にある数々の豆大福と比較してもピカイチだという。それを「出町ふたば」の3代目・黒本平一さんに伝えたら、「なかなかそこまで見てくださる方はいませんね。もし近くに店を構えはったらライバルになる人ですな」と返ってきた。

「うちは餅屋です。だからあくまで餅がおいしくないといけない。あんも、うちの場合は餅を味わってもらうためのもの。そこが、あんを食べさせるおまん屋さんや上生菓子屋さんのお菓子と違うところです。だから、あんが餅より目立ちすぎては具合が悪いんです」

黒本さんはきっぱりと言った。確かに「出町ふたば」の歴史は、餅と共にある。黒本さんの祖父である初代の三次郎さんは、石川県の米どころ、加賀小松の生まれ。「京都で餅屋をやってみたい」と志し、明治32年(1899)、現在お店がある出町の地で、故郷に伝わる赤えんどう豆入りの餅「豆餅」に、あんこを入れて売り出した。当時は、薪の束を頭にのせて売り歩く大原女のおやつとして人気だったそうだ。あんこが入っても「豆大福」ではなく「豆餅」として売られているのは、加賀の豆餅を京都に根づかせた初代に敬意を表してのことだろう。

「うちの豆餅は、餅に少し塩を入れるんですが、これも加賀だけのことみたいですね。私が店を継いだ当時の京都の同業者さんらに、餅に塩？　そんなことしたらあかんで、とよう言われました」

その代わり、あんこに塩は入れない。塩を入れるのは、砂糖をたくさん使えない場合に甘さを引き立たせる、昔ながらの手法だ。

「うちのあんこに塩を入れてしまったら、たぶん甘さがしつこくなってしまうと思います。後口に甘さが残らないよう砂糖には気を配っていますが、昔から変わらず糖度はしっかりあるんですよ」

餅とあんこの微妙な塩梅。それに加えて、ここの「豆餅」がおいしいのは、何といっても、こしあんであるところ。大福といえば、庶民のお菓子らしく粒あんが主流。でもこちらでは、おじいさんの代から自家製のこしあんだそうだ。赤ちゃんのほっぺたのような分厚く嚙みごたえのある餅に、ゴロゴロ入った超大粒の赤えんどう豆。その両者をこしあんがつなぎ、まとめて、黒子のように盛り立てている。まさに「餅を食べさせるあんこ。おにぎりに対する梅干しくらい、いい仕事っぷりだ。

「こしあんは、主に餅の中に入れるものに使います。おはぎなど、あんが表に出るものは粒あんがおいしいと思いますね。でも炊く量は大部分がこしあんです」

実は、お餅屋さんで、こしあんまで自家製のお店は稀である。京都の和菓子屋さんに

上　餅を搗く音、噴き上がる蒸気。餅米の香りと共に店の一日は始まる。
左　途切れぬ行列から飛び出す注文をどんどんさばく。こちらは全員に看板娘の称号を贈りたい女性陣。

は、意匠に凝ったその店独特の菓子を出す上生菓子屋さん、饅頭や最中を出すおまん屋さん、餅や餅菓子を出すお餅屋さんの3種類ある。おまん屋さんやお餅屋さんは、粒あんは自家製でも、こしあんは仕入れという店が意外に多い。

「こしあんを家でとるのは大変ですからね……。昔は京都にも300軒くらい和菓子屋さんがありましたが、こしあんやっておられるとこは少なかったように思います。それにあの頃は、製あん所もきばって朝の搾りたての生（なま）あんを配達したはりました」

　このあたりは、周辺に名水が多い御所の方から流れてくる地下水にも恵まれている。お店の近くにあるあん炊き場でも、新しく深く掘った井戸の水が、おいしいあんこ作りに一役買っているそうだ。

　そして、黒本さんが「おじいさんの代から変えていないこと」に、餅にあんを包む時の鉄則がある。

「餅にあんを包む時は、まずあん玉を作ってから包むのが一般的なんですが、うちは、へらで直接詰めます。あん鉢から1個分だけ取って、ひと息に詰めきる。炊けたあんは、できるだけなぶらないように、練らないようにするんです。搗き上がった餅も手でちぎります。理由はわからないし、考えたこともないんですけどね、おじいさんの代からそうしてる。なぜか練るとおいしくなくなるんです」

　魚のおつくりも何回も触ってると手の温度でおいしくなくなるでしょう。黒本さんが、そんなわかりやすいたとえをしてくれた。

「出町ふたば」に「栗餅」という秋の名物がある。ハンチング帽みたいにのっかった丹波栗とこしあんの相性がこの上なくいいお菓子だ。栗を蜜漬けしていないのがいいですね、と伝えると、「そういえばえらい原始的な栗餅を作ってるな、と今になって気づいた」そうだ。行列は絶えず、様々な本に紹介されて、その名が東京に轟いても、「出町ふたば」にはまだわからないことがいっぱいある。

右　餅を扱うその手は繊細で白く、やわらかい。北海道の美瑛(びえいちょう)町から届く大粒の赤えんどう豆を混ぜこんだ餅にあんこを詰めると、見事に12、13粒の豆が表面に現れる。
上「豆餅」買ったらすぐ食べたい。考えることはみな同じ。店のすぐそば、鴨川の三角州で「豆餅」を食べる人と目が合うとお互い照れ笑い。

あんこ嫌いがあんこを炊いたら。

みつばちの冷し白玉ぜんざい

（京都市・出町柳）

「私も、和菓子やあんこが嫌いだったんです。ケーキの方が絶対おいしい！　そう思ってました」

わかるわかる。私もです。京都の出町柳にあるあんみつ屋さん［みつばち］で、私はほとんど店主・二谷恵子（にたにけいこ）さんの手をにぎりそうになっていた。「すみません何も知らなくて……」というトーンで入ることが多かったあんこ取材の中で、唯一、女子学生の放課後のように〝同世代のあんこ感覚〟を分かち合えたのが、ここ［みつばち］だったからだ。

恵子さん同様、私もあんこが苦手だったことはすでに書いた。その時代、あんこ好きな人にあんこが苦手というと、なんとなく「わびさびのわからない人」みたいになって、会話が終わってしまうのが哀しかった。だから今日は、ハッキリ申し上げたい。「あんこ好きな人が好きなあんこ」（練り切りとか）があるように、「あんこ嫌いが好きなあんこ」というのもちゃんとあるのだ。ややこしいけど。

では「あんこ嫌いが好きなあんこ」の代表を挙げよ、と言われたら、私は迷わず、あんこ嫌いだった恵子さんが作る「みつばち」の「冷し白玉ぜんざい」を推薦する。

まず、あんこ嫌いは甘さに弱い。だから、「熱いぜんざい」が苦手だ。いくら甘さ控えめとうたわれていようとも、熱いことで甘さが際立ち、三口目くらいから徐々に疲れてくる。その点、冷やしぜんざいは冷たさで甘さがやわらぎ、口の中の滞在時間もゆったりとれるので豆の味が楽しめるのだ。

特に「みつばち」の「冷し白玉ぜんざい」は、「お腹いっぱいになってしまう」とクレーム(?)が来るほど小豆が多い。そして煮汁がまろやかで濃い。ごくっと飲み込んだ後にも、おいしさがじんわり残る。小豆のコクと、砂糖のコクがちゃんと溶け合って一体になっている感じ。すごくミルキーだ。

「汁は汁でお豆の味がしていてほしいので、炊き上がった後、割と豆をつぶしてるんです。砂糖水に粒あんが入ってるようなシャバシャバのぜんざいがいやなので……。水分の多いぜんざいは風味が変わりやすいので、あんみつのあんこよりも気を遣ってるんですよ」

今使っている小豆は、北海道産の小粒のもの。よりおいしくしようと、過去には大納言小豆で作ってみたこともあるそうだ。

「でも上品すぎて、全然違う味に仕上がってしまったんです。やっぱり、小さいお豆の栗のような味がガッと鼻を抜ける、そういうあんこがうちにはいいみたいです」

上　［みつばち］のダイジェスト版「ミニあんみつと冷し白玉ぜんざいのセット」。「冷し白玉ぜんざい」には抹茶アイスクリームのトッピングもできるのだが、ミルキーな煮汁と相性がとてもいい。「ミニあんみつ」の寒天は、千葉県千倉産の天草（てんぐさ）を２時間煮込んで作る自家製。この日も磯の香りが店中に漂っていた。
左　「性格は正反対」という双子の姉妹、妹の恵子さん（左）と姉の晴子さん。猪突猛進型の恵子さんが店長で、コツコツ型の晴子さんが影の番長。

あんみ

ところで、あんこ嫌いだった恵子さんは、なぜあんみつ屋さんを始めることになったのだろう。

「千本商店街というところに5坪の店舗があいたので、何かやってみたら、と父が斡旋してくれたんです。その周辺が見事におばあちゃんばっかりだったので、これはもうあんこしかない！　と思って」

あんこは炊いたことなかったけど、と笑う恵子さん。さあ、あんこはいいが、何をしよう。

「うちの母は東京育ちなんですが、そういえば、昔に通っていたあんみつ屋さんの話をよく聞かされたな、と思って。（コックを）ひねると黒みつが出てきたとか、あんずがのってるとか。東京では天草から寒天を作るのが当たり前だということも、母から聞きました」

店名は、お母さんの通っていた店にあやかって同じ名前をつけたそうだ（今はその店はなく、東京・湯島の「みつばち」とも関係ないらしい）。5坪の店を2年ほど続けた後、平成15年（2003）、現在地に移ってきた。今では、双子の姉・徳永晴子（とくながはるこ）さんも一緒に店を手伝っている。

あんみつの作り方は、お母さんの記憶と、本に習った。作ってみたら「これは大変。どうせ作るならおいしくないと」と思ったそうだ。芸大出身で、もともとものづくりは好きな恵子さん。やるならいちから手作りして、自分の好きな味にしたいと思った。

そこからは、漁業組合に電話して天草を取り寄せることに始まり、雑穀屋さんに小豆や赤えんどう豆、黒みつに使う黒砂糖を相談し、乾物天国の東京・アメ横では炊いてもやわらかい干しあんずを探した。

「理論を学んでないので失敗も多かったです。最近はひやひやせず作れるようになってきました」

「みつばち」はファンの多い店だ。支払いを終えたほとんどの人が、レジで「おいしかったわ」のひと言をかけて帰る。晴子さんはもちろん、アルバイトさんも「みつばち」の甘味が大好き。何より、あんこ嫌いだった恵子さんが「自分のあんみつなら大好き」だ。

しっかり嫌いなものがあるということは、しっかり好きなものがあるということだ。

「あんこ嫌いが好きなあんこ」がもっと増えていったら、面白いなと思う。

雑穀屋さんで小豆を買う。

関西雑穀株式会社

（京都市・西本願寺）

井上砂糖店

（京都市・新大宮商店街）

築120年以上経つという「関西雑穀株式会社」の店舗。西本願寺そば、仏具屋さんや法衣店がひしめく一角に立つ。昭和初期から何度も塗り直しているという看板の◉印は会社の登録商標。豆の1等級を示すマークに似ている。

雑穀
関西雑穀株式

ザッコクヤ。その昔、日本には、電話帳に「雑穀商」というページがあるほど、この商売を営む店が多かった。商品は、豆。そして煮豆やぜんざいを作るための砂糖だ。北海道大納言小豆、丹波大納言小豆、金時豆、大手亡（おおてぼう）、鶴の子大豆。氷砂糖、赤・白ざら糖、三温糖に五温糖。鯛や鏡餅の形をした祝い砂糖、赤飯の色づけに使うきびがら、おじゃみ(お手玉)の中に入れるクズ小豆、枕を作るためのそばがらまであった。

豆は円い木製のたらいのようなものに入っていて、グラムではなく、なぜか2デシリットル単位で買うようになっていた。ほしい分量を告げると、桝で豆をざっとすくって、盛り上がった余分な豆の山をすりこぎ棒のようなもので平らにすり切り、細長いビニール袋に漏斗（ろうと）でザーッと落としてくれた。あの道具たちは、いったい何という名前だったんだろう。

あんこについて調べるなら、雑穀屋さんも追いかけたら面白いに違いない。そう思い立ち、手始めに、昔よく母が「あそこの小豆はきれい」と買いに行っていた雑穀屋さんを訪れてみたら、もうすでになくなっていた。子どもの頃は、どの商店街にも最低1軒はあったのに、今では探さないと見つからないほど減っているようだ。

「これ、魔法の冷蔵庫。当社の豆は発芽するほど元気ですねん。種屋さんに卸すぐらいやからね」

北海道小豆、丹波大納言小豆、備中白小豆などの袋がドドン！　と天井まで積み上がった自慢の巨大冷蔵庫の中で、中澤弥門さんは誇らしげに手を広げてそう言った。

中澤さんは、昭和初期に創業した「関西雑穀株式会社」の3代目社長だ。雑穀屋さんの歴史について話を聞きたいのですが、と「中村製餡所」（P44）のご主人に相談したら紹介してくれた、関西で最も古い穀物一次卸問屋のボスである。年季の入った建物と積み上がる豆袋に圧倒されながら、奥の事務所でお話を伺った。

「昔の豆屋はね、馬にまたがって農家を渡り歩いて豆を集めてたんです。その頃、豆は、田んぼのあぜ道で細々と作るようなもんやったからね。うちのじいさんも、大正時代に25歳で富山から北海道に渡って、馬にムチ打って農家から農家へと飛び回ってたらしい」

馬にムチ。大正時代とはいえ、ずいぶん原始的なスタイルだ。でも、丹波の大納言小豆も、もともとは田んぼのあぜで作られていたという話を聞いたことがあるから、きっと京都の郊外などでも同じような光景が見られたのだろう。

「第二次世界大戦中は、国の統制で、米穀・雑穀その他の業種がみな仕入れや販売ができなくなってしまってね。やむなく休業や廃業に追い込まれてしまったんです。昭和16年（1941）の話です」

今では食べたい時に手に入る小豆にも、艱難辛苦の時代があったのだ。ところで、雑穀屋さんが2デシリットル単位で豆を売るのは、なぜなのだろう。

「昭和30年代に、尺貫法（日本古来の度量衡法。長さの単位を尺、容積の単位を升、質

富山県産大豆

［関西雑穀株式会社］の圧巻の光景。この奥に 3,000 俵（1 俵＝ 60 キロ）入る冷蔵庫が。小豆はすべて国産。申し出れば、1キロから量り売りもしてくれる（かなりお買い得）。「うちは注文受けてからしか袋に詰めへん。豆も人間と同じで息しとるから」。中澤社長お薦めの豆は丹波大納言小豆、北海道大納言小豆。

量の単位を貫とする）が廃止されたからですわ。その廃止によって、それまでの1合枡が2デシリットル枡、1升枡が2リットル枡に変わった。それで豆も2デシリットル単位で値段をつけてるんと違うかな」

はー。なるほど。すっかり感心していると、事務所の中でパチパチとそろばんをはじいていた奥さんが、頃合いを見計らうようにして、お茶とお菓子を出してくださった。その日頂いたのは芋羊羹だったけれど、おはぎや水羊羹もしょっちゅう作るそうだ。

「大納言小豆の選りクズであんこもよく作るけど、十分おいしいですよ。水羊羹なんて一番ラク」

わしは最中が一番好き、と中澤社長がつぶやいた。結婚40年目だそうである。

次に向かったのは、大徳寺の東にある、新大宮商店街。織物の街・西陣と共に発展した、京都市内で一番長い1000メートルの商店街だ。中澤社長に、昔ながらの道具を使っている雑穀屋さんを紹介してほしい、と尋ねて教えてもらった「井上砂糖店」を探す。あった。

昭和45年（1970）頃に作った砂糖や豆の木製ケース、寒梅粉などが入ったふた付きの瓶、おもり式の量り器が残る、井上恒三さんと康子さんが営む小さなお店。砂糖専門店として始まった雑穀屋さんをご実家に持つ康子さんとの結婚を機に、恒三さんが3代目を継いだ。上賀茂神社前の「葵家やきもち総本舗」や今宮神社前の「かざりや」などに砂糖を卸す。

　まずは、小学校の子どもたちも見学に来るという、ナゾの道具たちの名前をうかがわねば。

「小さい方の枡がデシリットル枡、大きい方がリットル枡。この棒はトボ。マスカケともいうてるねえ。それから、袋に小豆を流し込む、これがジョウゴ」

　こちらのお店にはなかったが、円い木製のたらいは「ハンボウ」というらしい。道具には、公正なものを使っているかどうか毎年検査が入っていたそうで、枡やトボの側面には検査済みを示す焼き印がいくつも並んでいた。2デシリットルを略して書いた、値札の「2デシ」という文字も暗号みたいでかっこいい。なんだか急に小豆を買ってみたくなった。すみません、丹波大納言を4デシください。

「4デシね。おぜんざいやったら8杯ぐらい取れると思うよ。お砂糖はこれ、五温糖が合うと思います。必ず豆がやわらかくなってからお砂糖入れてね」

　ザーッ。私の4デシがあっという間に袋に収まった。［関西雑穀］の中澤社長によれば、昔は、客が頼んだ分量の小豆を袋に入れ終えた後、ジョウゴに2、3粒、カランカラン、と余分な小豆を転がせて、「おみやげ」をつけたそうだ。この日は残念ながら「おみやげ」はなかったけれど、上等な小豆と五温糖で炊いたぜんざいは、玄人はだしの出来映えで、おつりが来るほどおいしかった。

五八0円
丹波大納言
九0円
二六二円
二六0円
一八九円
二一0円

右　［井上砂糖店］の美しい豆と道具。手前にある棒がトボ。枡は左２つがリットル枡で右がデシリットル枡。右上にあるのがジョウゴ。
上　恒三さんと康子さん。息子さん２人を立派に育て上げ、現在に至る。「なんかねぶって（なめて）いかはる?」と康子さんが店の金平糖を包んでくれた。

にぎり寿司のように。

菊壽堂義信の高麗餅

（大阪市・北浜）

［菊壽堂義信（きくじゅどうよしのぶ）］のお菓子とあんこについて書きたいことなら山ほどある。やぶれてしまいそうに薄い求肥でコロコロの粒あんをくるんだ「大福」。求肥と葛の皮2枚で折り紙のように粒あんを包んだ、官能的な舌触りの「葛ふくさ」。まだ味わうことが叶っていない、備中白小豆100％のきんとん。知る人ぞ知る冬のお菓子、こしあんの焼物「萬寿鏡（ますかがみ）」と新物の丹波大納言の羊羹「小倉野」。

語り出したら、とてもじゃないけどページが足りない。だから今回は、「高麗餅（こうらいもち）」にしぼってみたい。逆に言えば「高麗餅」がこの店のすべてを語ってくれるはずだ。

「高麗餅」を初めて食べた時は衝撃的だった。まるであんこのピラミッド。構成しているのは、粒あん、こしあん、白のこしあん、ごま付き白こしあん、抹茶のこしあん。トップの抹茶の緑が目にまぶしい。運ばれてきた時にふわっと漂うのは、ごまの香りだ。

そして考える。このピラミッドをどこから崩すか。私はこうだ。おもむろに抹茶を脇に避難させ、白あん↓こしあん↓粒あん↓ごま↓抹茶。学校給食で奨励されていた「三角食べ」はしない。香りの淡いものから順に、一枚一枚、舌に重ねていくように食べる。

もちろん味わい方は自由。私のは王道すぎてつまらないくらいだ。

　ともあれ、見た目も味わいも、なみならぬ前衛感のある「高麗餅」。とある茶会で、こなしか何かを手でにぎって菓器にポイと放り出し、野山にかけ回るイノシシを表現した職人さんの話を聞いたことがある。［菊壽堂義信］も予約注文制の上生菓子店なので、「高麗餅」にもさぞや茶席がらみのすごい誕生秘話があるのだろう……と思ったら、

「お茶のセンセの注文はうるさいさかい、あまりしてませんねん」

　と、ご主人の久保昌也（くぼまさや）さんから、半分冗談めかして返ってきた。

［菊壽堂義信］の創業は文政13年（1830）頃の江戸時代。久保さんで17代目、大阪屈指の老舗だ。問屋街の北久太郎町（今の船場あたり）に店があったが、空襲で焼け出され、終戦後、久保さんのおじいさんが今の北浜の地に店を移した。

　北浜といえば、大阪証券取引所（追記／現・大阪取引所）や大手銀行のレトロな近代建築が立ち並ぶ金融街。移ってきた当初、会社は多いのに周りに喫茶店が皆無だった。そこで上生菓子の注文は受けつつも、商社の事務の女の人たちに向けて、おしるこやあんみつ、アイスクリームなどを出していたそうだ。初めてこの店に来た日、上生菓子屋さんなのに、常連のおじさんがタバコと和菓子でくつろいでいるのに驚いたが、そんな始まりだったのか。

　そして「高麗餅」も、この頃の〝喫茶メニュー〟として生まれた。

右　求肥を粒・こし・白・ごま・抹茶のあんこでくるみ、キュッと指でにぎった「高麗餅」。注文を受けてからにぎるのも寿司に同じく。こしあんの小豆は赤・白ともに備中産。小豆の明るい赤、少し黄みを帯びたこっくりした白が美しい。予約制で持ち帰りもできるが、ぜひ店内で出来たてを食べてほしい。
左　久保昌也さんと、奥さんの順子さん。お話を伺う時、ご主人が立ちっぱなしなので席を勧めると「立ったままの方がラクですねん」。その姿に日々の仕事ぶりが透けて見えた。

「お客さんにお菓子を渡す時に準備があるさかい、待ち時間にさっと出せるもんはないかということで、祖父が考えたと聞いてます。8代目の松本幸四郎さんと親しかったもんで、屋号の高麗屋と、うちの住所の高麗橋を引っ掛けて命名してもらったみたいです。5色が歌舞伎の幕に似てますしね」

なんて洒落たいきさつだろう。「高麗餅」をはじめ、今［菊壽堂義信］で作られているお菓子のほとんどは、この15代目のおじいさんが考えられたものだそうだ。

「お菓子屋になるために生まれてきたような人でした。おいしい、と言われたらお金いらんというような」

そう話す久保さんも、お菓子のためにはいさぎよい。あんこは、1日に炊く量を決して無理しない。粒あんは1日1升、こしあんは1～2升。大きな店と比べれば10分の1ほどの量。それが売り切れ次第、店を閉める。

「それ以上炊くと、粒あんは豆の重みで皮がやぶれるし、こしあんは焦げてきよるんです」

私はこの店のこしあんが好きだ。粒あん派かこしあん派か聞かれると、狂おしいほど悩んだ挙げ句、「呉の部分が多めの粒あん」と答えるようにしているが、もし選択肢の中に「菊壽堂のこしあん」も入れていいならば、迷わずそれを一番に選ぶ。肉眼では見えにくいほどきめ細かい粒子。粒あん並みに広がる豆の香り。みずみずしいというより、水分を丁寧に飛ばしつつもしっとりした、締まりのあるこしあん。お盆やお彼岸に頼まれた時だけ作るというこしあんのおはぎや、氷とこしあんを泡立て器でホイップした夏の「氷しるこ」もたまらない。フレッシュ。そんな5文字が脳裏をよぎる味。

そういえば取材前、図書館で見つけた古い本で、久保さんが「高麗餅」のことを「にぎり寿司と同じで、できればその場で食べてもらいたい」と話していた。

「お寿司でも、その場で食べるのと折で持って帰るのとでは全然違うでしょ。なんでも簡単に気軽に食べるのが一番おいしいさかいね」

大阪の人と話していると「さっぱりしてる」という褒め言葉をよく聞く。それでいうと、「菊壽堂義信」はとても「さっぱりしてる」店だ。もったいぶらない。ひけらかさない。ほんでそれうまいんか。

あんこは街を映す鏡。何かとネチネチたいそうになってしまう京都人の私は、大阪的なこの店に来て「高麗餅」を腹に入れ、にわかに〝さっぱりしてるヒト〟になれた気分で帰るのが好きだ。

男たちのおやつ。

出入橋きんつば屋の
きんつば／しがらぎ（大阪市・堂島）

右　左３個の「きんつば」の詰め方！　このさばけっぷりを愛さずにはいられない。もし自分なら10個がきれいに収まる箱を先回りして作ってしまっていただろう。
上　夏だけ登場するナゾのおやつ「しがらぎ」。あんこときなこが混ざったところをお餅にのせて食べるのがおいしい。

「出入橋（でいりばし）きんつば屋」には、なぜか男性客が多い。

甘味処というものは、おしなべて女の園であるものだ。なのに、この店に関しては、細身スーツのサラリーマンも、ループタイのおじさまも、扇子片手のシャチョーさんも、ジャージ上下のおっちゃんも、照れることなく「きんつば」を買いに、食べにやってくる。頼んで払ってハイさよならの手っ取り早い対面売りだから？　それもあろう。甘さがあっさりしているから？　それもあろう。取引先の女性社員がべっぴんだから？　このあたりはオフィス街だから、社用土産にかこつけてそれもあるかもしれない。

まあ、そこは男子たるもの、口数多くは語ってくれまい。そもそも、「出入橋きんつば屋」の始まりが、黙々と働く男たちのために開かれた店だったのだから。

大阪のキタ、出版社や広告代理店が集まるオフィス街・堂島を西へ。阪神高速の高架下沿いにある「出入橋きんつば屋」は、昭和5年（1930）に創業した店だ。店頭の鉄板で焼かれた出来たての「きんつば」が買えるほか、店内のテーブル席では、お茶と共にぜんざいなどの甘味も頂ける。店名にもなっている「出入橋」は、店前の河川跡に石造りの欄干が残る古い橋だ。

この橋の下は、その昔「堂島堀割（ほりわり）」と呼ばれる運河だった。大阪港から堂島川、そして梅田の貨物駅へと荷物を運ぶダンベ船（川や運河で雑荷を運ぶ平底の和船）がにぎやかに行き交い、「出入橋きんつば屋」のあたりでも、腕っぷしの強い男たちが汗をかきかき、荷物を上げ下ろししていたらしい。

「このへんは特に、船に積む荷物とか降ろした荷物を保管する倉庫がたくさんあったんです。二輪の大八車とかリヤカー付きの自転車を引いてる人がいっぱいいてね。ほんで、うちの前がちょっと上り坂になってたから、気軽につまめるきんつばでも食べて一服してもらおか、ということで、僕の父親が茶店を始めたんが最初」

そう話してくれたのは、2代目店主の白石昌己さん。その運河は1960年代、高速道路ができるのにともなって埋め立てられてしまったけれど、肉体労働で鍛えた鋼の体のますらおたちが、身を寄せ合って小ぶりの「きんつば」を食べているところを想像すると、なんだか微笑ましい。

意外だったのは、材料の配分も大きさも、開店当初とまったく同じだということ。この「きんつば」は、甘さ控えめが主流の今でさえ、とてもさっぱりして感じられる。肉体労働の疲れを癒やすというのであれば、もっとしっかり甘いイメージだ。

「砂糖をケチっただけちゃうかなぁ（笑）。普通、あんこは小豆と砂糖で1対1が一般的やけど、うちは1対0・95。ガワもメリケン粉を水で溶いただけやから、余計さっぱりしてるでしょ」

はい、これあげる。白石さんが「きんつば」の箱に貼る原材料を印字したシールをくれた。小豆、砂糖、小麦粉、食塩、寒天。以上。

右　職人さんが羊羹をまっすぐ切れるまで５年以上かかると聞いたことがあるが、白石さんがやると簡単そうに見えてしまう。使っているのはスイカ包丁。今のステンレスの包丁は分厚すぎるそうだ。
左　「きんつば」を均等に切るための手作りのモノサシ。上下の突起でつけた印に沿って包丁を入れていく。

「材料これだけ。（保存料とか）要らんもん入ってへん」

そう話す白石さんはちょっと誇らしげだ。日持ちがしないから、手渡す時は、必ず今日中にお召し上がりくださいね、とお客さんに声をかける。

「だいたい日持ちなんかせんでいい。きんつばはおやつ菓子なんやから」

確かにここの「きんつば」は、おやつという呼び名がしっくりくる。きんつばといえば、寒天多めで角の立ったきれいな四角のものが多いけれど、ここのはあんこがやわらかくて形がまちまちなのがいい。それから、もっちりした皮がサービス精神旺盛に四方へはみ出しているのがいい。手づかみでかぶりつくと豆の風味が鼻を鮮やかに突き抜けて、放っておかれたらいくつでも食べてしまう。包装は、簡素な白い紙袋に放り込むか、昔ながらの片木に包み、紙でくるんで輪ゴムをパチン。これが一番おやつらしい。きんつばの語源ともいわれる刀の鍔がラベルに描かれた進物用の箱は、開店よりだいぶ後の、戦後に作ったものだそうだ。

ところで、おやつといえば、「出入橋きんつば屋」に不思議なひと皿がある。その名も「しがらぎ」。粗めに搗いて棒状にした餅米をメダルの形に切り、粒あんときなこをまぶした食べ物。お店に出るのは5月頃から9月末まで。白石さん曰く、これは夏のおやつなんだそうだ。昔、夏のお祭りの屋台といえば、この「しがらぎ」やわらび餅が定番おやつだったらしい。

「うちはあんこがほる（捨てる）ほどあるから、きなこと粒あんにしてるけど、ほんまはきなこと青のりをかけるんです」

白石さんの記憶によれば、きなこと青のりは両方、砂糖入りだったという。「しがらぎ」がどんな漢字を書くのかはわからない（少なくとも滋賀県の信楽とは関係なさそう）。大阪育ちの友達のお母さんや、古い大阪の和菓子屋さんでも聞いてみたが「見たことも聞いたこともない」と言われてしまった。

「確かに、お年寄りのお客さんは懐かしいと言わはるけど、若い人はこれ何ですかと聞いてきはるなぁ。大阪だけのもんやないと思うけど……」

取材時は、秋口だというのに半袖でも汗ばむ陽気。「しがらぎ」を頂きながら、白石さんと話していたら、やっぱりおっちゃん2人組が「かき氷ちょうだい」と入ってきた。

〈追記〉白石昌己さんは平成24年（2012）、逝去されました。現在は息子の誠治さんが跡を継ぎ、店頭で「きんつば」を焼かれています。

酒のアテにもなる
ミナミ味。

玉製家のおはぎ

（大阪市・日本橋）

「あんたとこのおはぎおいしいさかいつい寄ってしまうわ」「実はクスリ入ってんねん」「はは。もう中毒や」「はいお待たせ。きなこ今日中に食べてや。食べな腐るで」。スレスレに聞こえる会話もよく聞けば誰の気分も害さず用件が伝わっている。大阪、ミナミ。シュッとした男前より、しゃべくりの立つ男がモテる街。

おはぎ
玉製家
名代
おはぎ
玉製家

おはぎ 玉製家
☎6213-237
570
玉製家
おはぎ

私の好きな大阪・ミナミの味は、いつも「箱の中」にある。［はり重］の「コールビーフ」。総菜がぎっしり詰まった［道頓堀 今井］の観劇弁当。持ち帰り用ホットケーキと箱が兼用の［純喫茶アメリカン］のモモ肉だけの「ビーフカツサンドウィッチ」。そして、玉のようにあんじょう詰まった［玉製家］の「おはぎ」――。

今書き出してみて気づいたが、これらの「箱」は、四角四面なれど、みなそれぞれにミナミという街の性格をよく表している。芝居と演芸の街・ミナミの幕間弁当や楽屋見舞としての顔。飲み屋街・ミナミの手みやげとしての顔。大阪一の繁華街・ミナミのごちそうとしての顔。

［玉製家］の「おはぎ」を初めて見た時は、いったいどうやって箱に詰めているんだろうと思った。おはぎといえば、透明パックに放り込まれて多少ゆがんでもご愛嬌の食べ物だと思っていたから、丸々として一分のすきまもなく並ぶその様は、店名の「玉」の語感とも相まって、ごくっと唾を飲むような、腹に訴えるものがあった。

ところがこの「玉」、実は「卵」のことだった。［玉製家］は、明治32年（1899）、法善寺横丁で大阪初のアイスクリン屋さんとして開店。当時、アイスクリンは脱脂粉乳や玉(卵)で作ったから、「♪玉製ェ～アイスクリンッ」という売り声で客寄せしており、店名の「玉製」もそこからとったそうだ。その後、空襲や立ち退きでミナミを転々とし、昭和45年(1970)、今の日本橋に店を移す。

「移ってきた当初は、氷やぜんざい、あと昭和45〜46年頃まで、親父が『君が代』というお菓子を作ってました。にぬき（ゆで卵）をこしあんで包んだもので、今考えても通な味というか……中にはえげつないなぁ、と言うお客さんもいたみたいですけどね。糸で切って断面を見せるんですけど、これがね、黄身が真ん中にきてなあかん。子どもの時分は黄身の片寄った失敗のにぬきばっかり食べさされて……なんで俺こんな思いせなあかんねん、思てましたわ」

にぬきにこしあん。すごいお菓子だ。店名の「玉」にひっかけたのだろうか。詳細は不明だが、派手な街の中で人々の目を引きつけねばならない繁華街ならではのお菓子だったのだろう。

そんな思い出話をしてくれたのは、現店主の簗瀬重雄さん。元・幼なじみで今は奥様のルミ子さんと二人三脚、現在は「いろいろやってきた中で最終的に残った」おはぎ一本で切り盛りする。店の2階で粒あん・こしあんを作るところから、注文を受けておはぎをにぎるところまで、すべて自分の手でまかなう。

「あんこのこと、ご存じない方多いですよ。特に若い子。もちろん来てくれるのは嬉しいけど、粒あんとこしあんのことを〝粗挽きと絹ごし〟とか〝ごりごりあんとつるつるあん〟と言われた時はびっくりしましたわ」

そんな重雄さんから、突然クイズが出された。

右　粒・こし・きなこの「おはぎ」15個入り。初めて見た時は息をのんだ。ファンの多いきなこは福井県産。「おいしいけど値段、砂糖の３倍やで」。

上　法善寺横丁にある［浪速割烹 㐂川（きがわ）］のランチョンマット。昭和初期の法善寺界隈の地図や聞き伝えをもとに作ったもの。中にアイスクリン屋さん時代の［玉製家］もあった。

「おはぎってどういうものか知ってる？ おはぎというのは、生地を何かでくるんだものすべてをいうんです。粒あんでくるんだのをおはぎやと思てる人が多いけど、青のりでもきなこでも、くるんであれば、それはおはぎ」

知らなかった。だから［玉製家］には、あんこなしのごはんにきなこを振りかけた、いや、きなこの中にごはんが埋もれた「きなこのおはぎ」があるのだ。

お客さんが入ってきた。ルミ子さんがいつもの口上で「大事な約束」を伝える。

「きなこは今日中、あんこは冷蔵庫に入れないで明日午前中まででお願いします」

お客さんが帰っていった。ここで再び、重雄さんからクイズ。

「なんで冷蔵庫に入れたらあかんかわかる？ ごはんが固くなるんです。できるだけ出来たての状態で食べてほしいから、注文後に、ごはん丸めるところからやってるわけやからね」

だから15個入りを買おうとするお客さんには、何人で食べはんの、3人。それやったら6個入りにしとき、といったお店らしからぬことも重雄さんは言う。

「だって置いとかれたら、おはぎがかわいそうや」

ところで、［玉製家］の開店時間は午後2時からと遅い。今は開店と同時に人が並ぶので「売り切れ次第終了」になっているが、飲み屋街の手みやげとしても重宝されていたため、昔は夜11時まで営業していた名残だ。

「今も焼酎とか日本酒とうちのおはぎを合わせる男の人、多いみたいでね。こないだも近所のスナックのママさんが『私の作った肴よりここのおはぎの方がええねんて！』とぷりぷりしながら買っていかはったわ」

試しに家でやってみた。塩気の効いたあんことやわらかいごはん、特にこしあんが辛口の日本酒となかなか合う。チョコとブランデーみたいで面白い。

アイスクリン時代、にぬきのあんこ菓子時代、そして現在のおはぎ時代。この濃い小豆色の玉には、目まぐるしく移り変わる繁華街のにぎやかさがしみこんでいる。行きつけの店などないし、いまだに道順も不案内だが、私の好きなミナミはこの箱の中にある。

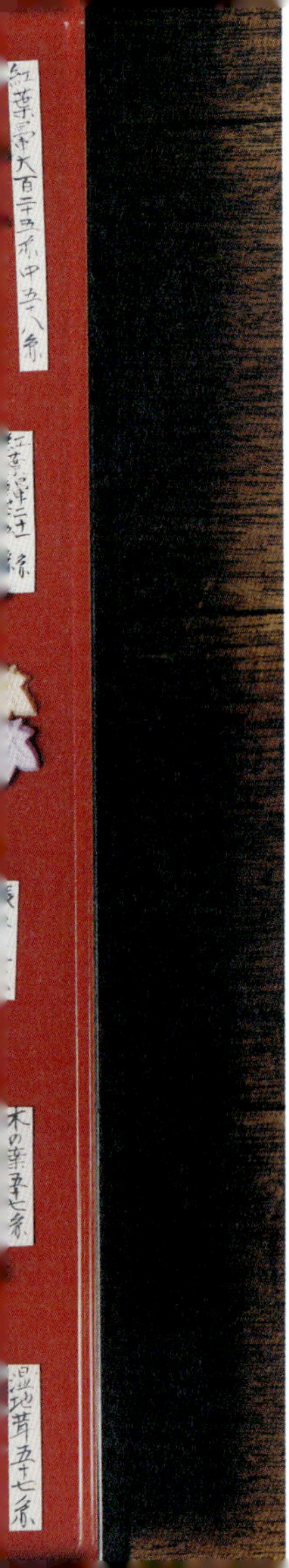

高野山と御堂筋の
イチョウの話。

河藤の葛まんじゅう

（大阪市・四天王寺）

吸い込まれそうに美しい［河藤］の秋の干菓子。中央あたり、透明感のある黄色のものが高野山のイチョウ、ダイダイ色の半生のものが御堂筋のイチョウだそうだ。手書きの値札は、奥さんの和子さんが２代目の筆跡を真似て書いている。上手ですね、というと「いや、親父のほうが巧かったですわ」と藤太郎さん。

紅葉四十八条
柿の葉八十九条
紅葉セリー四十八条
公孫樹四十八条
松笠五十七条
公孫樹四十七条
銀杏四十八条
ぎんなん四十七条

ぜひ行ってみてください。三十路の乙女心を刺激されますよ——。

喜んでいいのかどうかよくわからない、そんな担当編集者の言葉にエスコートされ、大阪の地下鉄谷町線に乗り込んだ。向かった先は、四天王寺前夕陽ケ丘駅。地上に出て、十数歩で見えてくる［河藤（かわとう）］は、小さな干菓子の専門店だ。

扉を開けると、彼らはすぐ目に飛び込んできた。塗り盆の上で、まるで空想の生き物みたいに息をひそめてたたずむ、声なき干菓子たち。突然、美しい表現に走ってしまったが、そのように図らずも人を詩人たらしめる店である。

しかし私は詩人ではない。あんこ人だ。目の端は、店奥の小さな生菓子のショーケースをとらえていた。そこにあるのは、梅あん、挽き茶あん、こしあんの色がまぶしい宝石のような「葛まんじゅう」。全色を大人買いし、帰路についた。

あんこに緑とか青の色をつけた生菓子はあまり進んで食べない方だが、この「葛まんじゅう」には、なぜかとてもそそられる。今にもとろけそうにやわらかい葛。黒文字を入れた切り口からのぞくその色は、美しいと同時においしそうだ。特に挽き茶あんの、抹茶クリームのようにやわらかく、こっくりとした濃厚な色と味に陶酔した。

「挽き茶あんはね、色つけが難しいんです。白あんに抹茶を混ぜるだけだと深みがない。青がちになる。だから黄がちの緑をつける。するといい塩梅になるんです」

そう教えてくれたのは［河藤］のご主人、川口藤太郎（かわぐちとうたろう）さん。抹茶が青がち。黄がちの緑。頭の中のパレットには、青・黄・緑は1色ずつしかなかったから、頭の中で急いで色を混ぜながら話を聞いた。

「同じ緑でも、春と秋で木々の緑も違うでしょ。モミジの干菓子を、青モミジの緑から徐々に紅葉のダイダイにしていったりね。そうそう、〝木守（きまもり）〟って知ってますか。冬の風物詩。柿の木を守るために1個だけとらずに残しとく。うちにも柿の生菓子がありますけど、青柿、黄色、ダイダイとしていって、最後、その木守みたいな真っ赤に熟れた柿の色にするんです」

自分は何にも見てなかったなぁ。即座に思った。季節や旬を感じる余裕は忘れたくないものだとそれなりに努めていたが、なんのことはない、スーパーの野菜売り場を眺めてそのつもりになっていただけだった。藤太郎さんに言わせれば、季節だけではなく場所によっても、物の色は変わるらしい。

「大阪の御堂筋のイチョウ並木の黄色とね、和歌山の高野山のイチョウの黄色は違うんですよ。御堂筋のはすこーし濁った黄色ですわ。高野山は透明な黄色。散歩してると、こんなんイケるなぁ、と思うこと多いですよ」

なんて面白いんだろう。面白いといえば、［河藤］のおこりも面白い。創業は江戸時代。代々続く和菓子屋さんだと思ったら、もとは奈良の大和(現在の大和郡山)で煙草屋さんや綿屋さんをしていたそうだ。和菓子を始めたのは今の場所に移ってからで、そこから

右　葛ごしの淡い色に見入ってしまう「葛まんじゅう」。梅干しの裏ごしを白あんに加えた「水牡丹／篝（かがり）」、挽き茶の味が濃厚な「早苗／萍（うきくさ）」、こしあんの「氷室（ひむろ）」。
上　接客は和子さんの担当。京都からこのお店に嫁いだが、実はあんこが苦手だったそうだ。「でもうちのあんこを食べて好きになりました」。

数えて藤太郎さんで3代目。名物「割氷（わりごおり）」をはじめとする半生菓子や干菓子の製造卸を営んできた。

「親父は職人であると同時に商売人なところがあってね。小さいからってこんな手間かかってるもんになんでこんな安い値段つけなあかんねん！　手間わかってくれる人が買（こ）うてくれたらそれでええ！　って生菓子より高い値段がついてる干菓子もあるんです」

なんともやんちゃなイイ話だ。そんな血は確実に藤太郎さんにも受け継がれていて、例えば、ういろう生地が珍しい「草もち」も「2、3日して固くなったら焼いてもおいしいよ」などとお菓子屋さんらしからぬことを言う。

「肩肘はるような仕事ちゃうしなあ。おいしく食べてもろたらそれでええと思ってるから」

ちなみに今回初めて知ったが、[河藤]では、粒あんは自家製で、こしあんは製あん所から生あんを仕入れて店で練り上げているとのことだった。こしあんを一から作ることこそ店の個性と主張するお店はたくさんあり、その努力が表れたお菓子には素晴らしいものが多い。でも一庶民の食べ手の私には、[河藤]の生菓子もまた、とてもおいしく、買いよい値段の、何度でも食べたくなる味だった。

「生あんにも良し悪しはあるし、炊く人によってまったく違う味に仕上がりますしね。これも、おいしけりゃええやん、って思います」

撮影時は、秋の干菓子が並ぶ頃。今回、無理を言って夏のお菓子である「葛まんじゅう」を作っていただいたのだが、これも夏が過ぎゆくにつれて色や銘が変わるそうだ。「挽き茶あんは、初夏は〝早苗〟で淡い緑、盛夏は〝萍（うきくさ）〟でちょっと濃いめの緑。梅あんは、初夏は〝水牡丹〟でピンク、盛夏は〝篝（かがり）〟でほんの少し黄色を入れて薄いダイダイにしていきます」

〝篝〟とは、夏まつりの火のことだそうだ。梅あんのピンクがちなダイダイ色を見ていると、今年の夏が過ぎ去ったことが急に心に迫ってきて、ガラにもなく胸がきゅうとした。ひょっとして、これが三十路の乙女心というやつなのか？　だとすれば、それも悪くない。

氷ダブル、4人前ポットで。かん袋のくるみ餅

（堺市・寺地町）

冷凍技術が輸入された明治時代に生まれた、「氷くるみ餅」。今はサラダボウルだが、当時はめし茶碗だったそうだ。聖徳太子の曲尺（かねじゃく）のようなサイズの番号札は、レジで渡されるもの。小さい札だと持ち帰ってしまう人がいるので「持ち帰れないぐらい大きいのにしてみたんです」。寿司のネタを書く木札だそうだ。

「くるみ餅」とは「胡桃餅」ではなく、黄みがかった緑色のあんで「くるんだ」餅のことだ。

この不思議な餅を口にしたのは、大阪の岸和田だんじり祭を見に行った時、一杯売りの冷やしあめを置くお店で買ったのが最初だった。その時は泉州地方特有の食べ物とも知らず、食べた後も家で使えそうなふた付きのプラスチック製容器に入っているのがお得に感じられて買ったのだった。

家に帰って驚いた。きなこのような、いや、ピーナツのたれのような、いや、和三盆糖のような、コクのある甘み。そこに丸々とした白玉が漬かっているのもたまらない。こんなの京都で見たことない。なぜやらない。もどかしい気持ちになるほどおいしかった。

ところが、その一部始終を話した大阪の友人は言った。［かん袋］行ってからもう一回その店のくるみ餅、食べてみ。絶対［かん袋］のがおいしいから、と。

京都からはるばる2時間。堺市・寺地町に向かった。

［かん袋］は並ぶ。といってもメニューは「くるみ餅」「氷くるみ餅」だけだし、レジのお姉さんたちもてきぱきしているので、とんとん列は進む。問題は注文だ。店の客の半分は勝手知ったる風なので、並ぶ・頼む・席に着いて待つ、の動線が実にスムーズ。そこへ「氷くるみ餅ってどんなのですかぁ」「シングルとダブルってどれぐらい量が違

うんですかぁ」といった無邪気な質問をし始める人(私)が現れると、後列の空気がピタッと止まる。背後に熱視線。さながら月末昼すぎのATMだ。

「氷ダブル、4人前ポットで」

これが、その背後のプレッシャーに磨き抜かれてたどり着いた、現在の私の決めゼリフもといオーダーである。字数にしたら11文字。しかしそこに含まれた情報は多い。

まず「氷ダブル」とは、くるみ餅にかき氷をのせた「氷くるみ餅」を2人前ください、の意味。ちなみに「シングル」はあるが「トリプル」はない。これは店内だけのメニューなので、座ってひと息つくのに、それを頼む。本当はダブルだとちょっと量が多いのだが、次いつ来られるかわからないので、気分的に食べだめしておく。

そして「4人前ポット」とは、4人前持ち帰りを進物用の壺ではなくポット入りでください、の意味。ポットとはふた付きのプラスチック製容器のことだ。

この「シングル／ダブル」「ポット」という言い方、どこからやって来たのだろう。前から不思議に思っていたことを、［かん袋］27代目のご主人に聞いてみた。

「あまりたいした意味はないんですけど……戦後、くるみ餅の2人前の器を作ったら、お客さんからのご注文が『2人前を1人前ください』とか『1人前を2人前ください』という風にややこしくなってしまって。それでシングル、ダブルという言い方にしたんです」

かん袋
6人前ポット入り
¥2,289
4人前ポット入り
¥1,554
3人前ポット入り
自動
PUSH

右　かつて堺には「港焼」というポルトガル人の姿をした陶器人形がたくさん見られた。中央の棚にあるのは店に伝わる古い港焼のレプリカ。
上　「くるみ餅」の4人前ポット入り。ある人は、気心知れた人なら壺ではなくポットで渡すと言っていた。「酔っぱらいのみやげみたいなくくり方」も好きらしい。

では、ポットは？

「うちでは四日市で焼いてもらっている壺を進物用にご用意しているんですが、ご自宅用には重いし高いし割れるということで、昭和37～38年頃に登場したふた付きのプラスチック製容器を導入しました。それで名前も、壺の代わりという意味で、相当する英語〝ポット〟にしたんです」

ものの始まりなんでも堺。さすがはハットとマントの南蛮人が闊歩した街。船来のコトバが達者である。ちなみに南蛮人は、堺をSacayと書いた。そのSacayにある「かん袋」の歴史は古い。

創業は鎌倉時代末期。和泉屋徳兵衛が開いたお餅屋さんが始まりだ。「くるみ餅」が誕生するのは、堺が勘合貿易の港だった、室町時代の中頃。5代目の和泉屋忠兵衛が、明から入荷した「ある農作物」を挽いて塩で味をつけ、茶菓子を作った。その後、ルソン(今のフィリピン)から砂糖が上陸、現在の甘い「くるみ餅」になったという。

独特の響きがある「かん袋」の名がつくのは、その後の安土桃山時代だ。大阪城・天守閣の瓦ぶき工事を見かけた12、13代目頃の和泉屋徳左衛門が、瓦を屋根に放り投げて手伝うのを見て、豊臣秀吉が「紙袋(かんぶくろ)が舞っているようだ」と「かん袋」の屋号を与えた。

この店の「くるみ餅」の製法は一子相伝、門外不出というのは有名な話。今回の取材も「あんについては何もしゃべれませんので」と一度は断られた。でも詮索することが目的じゃない。ただ、この不思議な食べ物に興味があるだけだ。

和スイーツ・カフェをうたう店に入ればベージュ色のくるみ餅が出てくるし（大豆あんということだった）、堺の和菓子の老舗で買ったくるみ餅の原材料名には「青大豆」とあった。泉佐野に本店を持つ和菓子屋さんのホームページでは、昔、泉州の農家では田んぼのあぜに植えた枝豆であんを作り、餅にからめて食べた、と説明されている。

「くるみ餅は、昔は黄色いものでした。その後、うちの緑が基本となって、いろいろ似たものが出てきました」

今回、27代目から聞けた一番詳しい説明がこれ。でも十分。

取材後、「氷ダブル」を頂いた。店の中の人々が一様に同じものを食べている光景は、ピースフルでよいものだ。夏休み感というか、同じ釜のめしを食べてる感がある。カッカッカッカッ。背中のほうから音がしてきた。なんだろう、と盗み見すると、首の太いガタイのいいおっちゃんが、小さなスプーンを高速回転させて、実においしそうに氷ダブルをかきこんでいた。カツ丼じゃないんだから。

小豆のビシソワーズ。

桔梗堂の白珠知故

（西宮市・甲子園口）

右　甘いものは苦手でもこれなら、という人も多い「白珠知故」。初代が書いた栞には「お菓子は食べるものでなく飲むものとも聞いた。口にやさしく冷たさも丁度いいから友達にもあげたい。僕のC.M.嘘でないよ」の名文句。
上　甲子園口駅から歩いて国道に出ると、L字形の横断歩道の向こうに三角屋根が見える。

以前、『京都の迷い方』(京阪神エルマガジン社刊)という本で、「京都のあんこ、世界一。」という記事を書いたことがある。日本中で京都ほどあんこ偏差値の高い街はない、と声高らかに書いたのだったが、本が出た直後、知人から、この[桔梗堂]の冷やしるこを教えてもらい、そのあまりのおいしさに、早合点だったたか、と冷や汗をかいたものだった。

[桔梗堂]は、JR甲子園口駅前から鳴尾浜の海岸まで延びる、甲子園筋という県道沿いにある。大正時代から昭和50年(1975)までは路面電車が走っていたため、地元では「電車道」と呼ばれて親しまれているそうだ。南へ進めば、ツタのからまる甲子園球場がある。

創業は、戦後まもなく。現在お店を営む2代目・高尾泰三さんのお父さんが甘いもの好きで、北海道の親戚から分けてもらった小豆と家で保管していた砂糖でぜんざいを炊き、沿道に並べていたのが最初の最初。一応、お金を入れるかごをぶらさげてはいたものの、物資が乏しくみんなが苦しい時代、「よかったら食べてください」と書いた張り紙も添えていたそうだ。そのうち「きちんと形になるものにしてほしい」とお菓子の注文らしきものが入るようになり、職人さんを雇って、和菓子屋さんを開く運びに。店名には、お母さんが大好きだった花の名をとった。

「今もそうですが、その頃から、お茶の先生方の注文で店が成り立ってたみたいです。

親父も茶人のようなところがあったから……」

そんな「桔梗堂」の名物のひとつが、「白珠知故（しらたましるこ）」という名の冷やししるこ。時期になると、店の一角に専用のショーケースが現れて、積み上げるそばから売れていく。そのなめらかさと言ったら、まるでベルベット。ぽってり浮かんだ白玉は、今にもしるこに溶けてしまいそうだ。食べた日の日記を見返してみたら、「食べる側にいっさい苦労をさせない食べ物。思わず舌で追いかけそうになるほど、すーっとはかなく消える。しるこも白玉もがまんできないといった感じでスプーンからたれ落ちる。まるで小豆のビシソワーズ」と書きたてている（恥ずかしい）。泰三さんの記憶によれば、昭和45年（１９７０）頃に生まれたものだそうだ。

「昔は、和菓子屋っていうのは、夏、ひまやったんです。でもその頃、洋菓子屋からゼリーというもんが新商品で出ましてね。百貨店のお中元なんかで、ものすごい売れ行きやった。和菓子屋にはそれに見合うもんないなぁ、と話してて、親父と僕と職人さんとで作ってみよか、と始めたもんなんです」

手のひらに隠れるほどの小さなカップがまたいい。あともう少し食べたいな、と思わせる絶妙の量。ゼリーがライバルという状況下で生まれたからなのだろう、昔から洋菓子のプリン用カップを業者さんに頼んでいるそうだ。ふと、泰三さんが、カップのふたの「白珠知故」という緑の字を指でなでた。

右　清潔な工場（こうば、と読む）。板場を見れば料理人の腕がわかると言ったのは誰だったろう。真ん中がしるこに使う「ふるい」、一番左の木じゃくしがあん練り用。
上　著名人にも贔屓が多い。甲子園球場に夏の高校野球を観戦に来られた皇太子殿下のお昼のデザートにも出された。

「いい当て字でしょ。これ、親父の筆跡なんです」

白珠の珠はまんまるのこと、知故は故(ふる)きを知る。このしるこのことをもっと知りたくなった。


しるこに使われるのは、自家製のこしあん。小豆は岡山・備中のもの。美しい薄紫色は、「極限までシブ抜きする」ことで生まれるそうだ。あ、そうや、とそばで話を聞いていた逞しき3代目、ご子息の哲司(てつじ)さんが、仕上げたばかりの薯蕷(じょうよ)饅頭用のこしあんをお皿にのせて持ってきてくれた。色は薄くてきれいでいて、小豆の風味や香りはぎっしり詰まったこしあんだ。


こしあんは、茹でた小豆をざるですりつぶして呉を取り出し、それを円い木枠に網を張った「ふるい」という道具でこして粒子を細かくしていく。その際、水を流しながら手でやさしく押しこすのだが、こちらの特注のふるいは、その水すらも通しにくいほど網の目が細かい。「白珠知故」は、そのこしあんを水で溶き、さらに「ふるい」にかけて仕上げるそうだ。手加減が命の作業。これがなかなかしんどい、と泰三さん。

「こんな細かいふるいを使っておられるところは、もう少ないんとちゃうかな。もしこれを機械でやろうとしたら、圧力が強すぎて、網がやぶれてしまうそうです。やっぱり、質を保とうとすると、数はできないものなんですね」

そんな「白珠知故」、店の表の立て看板には、「夏の風物詩　白玉しるこ」とうたい文句が書かれ、道ゆく人の目に涼を呼んでいる。ところがこの看板、すでに秋口にさしかかっていた取材当日も表に出しっぱなし。しまい忘れですか、と笑い話にしようとしたら、奥さんの順子さんが笑って言った。

「違うの。もともとは7月と8月だけ売ってたんですけどね、春になったら〝始まりましたか〟、秋になっても〝まだありますか〟、ってお電話を頂くもんだから、今は4月から10月まで作らせていただいてるんです。夏の風物詩じゃなくて、春夏秋の風物詩ですね」

街路樹が色づく頃になっても出番を許される「白珠知故」の看板は、あの味を知る人ならばピンとくる、［桔梗堂］の勲章なのだ。

〈追記〉「白珠知故」の販売時期は現在、3月下旬〜12月上旬となり、春夏秋冬の風物詩になっています。

腕がつっぱる８００グラム。

トミーズのあん食

（神戸市・住吉台）

ズシッ。……と音がするはずはないのだが、人間は耳だけでなく体でも音を聴いているらしい。神戸のベーカリー[トミーズ]の「あん食」をレジで受け取ると、いつもこの「ズシッ」という音がする。

その重さ、800グラム。重量の実に半分が粒あんである。店主のトミーこと菊池富雄さん渾身の名作「あん食」は、平成2年(1990)頃、「友人のレストランチーフなる人物から、粒あん入りの食パンを所望されて生まれた。当時、あんこを使ったパンといえば、あんパンぐらい。物理的にはあんこを包めない食パンを前に、菊池さんは考えた。「そうだ、マーブルにしよう」。そのために必要だったのが、ジャムのように生地に塗ることができる「のびるあんこ」。小柄だが鉄砲玉のような菊池さん、いきなり地元の製あん所に「のびるあんこ作ってくれ」と道場破り。「そんなん聞いたことないわ」と一蹴されながらも、紆余曲折を経て、「あん食」専用のとろりとした粒あんが完成した。

少しだけデニッシュ風で、焼くと耳までサクサク香ばしい食パン生地は、あんこの風味に引き立てられて、しっかり小麦の香りがする。菊池さんは「うすーくマーガリンを塗って、アーモンドかグラニュー糖を散らす」のが好きだそうだ。

最初は一蹴した製あん所の専務も、今では1日2回、「のびるあんこ」を納めにくる。2人のお決まりの挨拶は、専務「今日のあんこものびたねえ」、菊池さん「あん食の売り上げものびたねえ」だそうな。嘘みたいなホントの話である。

〈追記〉［トミーズ］はその後、本店を魚崎に移転（P311）。菊池富雄さんは引退され、息子の浩史さんが跡を継いでおられます。

青のりがトレードマーク。

蜂蜜ぱんじゅう松やのぱんじゅう

（伊勢市・宇治山田）

石にたばしる、
あずきかな。

茶丈藤村のたばしる

（大津市・石山寺）

蜂蜜ぱんじゅう松やのぱんじゅう

伊勢に「ぱんじゅう」なるものがある、と聞き、京都から近鉄特急ビスタカーを飛ばして(?)食べに行ったことがある。

「ぱんじゅうというのは、昔、伊勢市駅そばにあった［七越(ななこし)］という店が作っていた、パンみたいな饅頭のことです。店は平成12年（２０００）に閉店してしまったんですが、あの味がもう一度食べたい、と店を始めました。学生時代に［七越］の味に親しんだ私の世代には、特に懐かしくて」

そう教えてくれたのは、［蜂蜜ぱんじゅう松や］店主の松本恭幸(やすゆき)さん。伊勢市内には、同じように［七越］の味を復活させようと奮闘するぱんじゅう屋さんがいくつかあって、色々食べた中で一番好みだったのが、ぷっくり膨れた薄い生地に蜂蜜の香りが漂う、松本さんの「ぱんじゅう」だった。今では粒あんやカスタードなども揃えているが、松本さん曰く、ぱんじゅうの基本は「半球型」「こしあん」「トップに青のり」だそうだ。

「うちのが［七越］に一番似てると言ってくださるお客さんもいますけど、まだまだ。特に、青のり。僕の記憶では、［七越］のは青のりの香りがもっと強かった」

あんこの味も、冷めた時の食感も、もっともっと［七越］に近づけたい、と松本さん。

「記憶の味の再現」は、新しい味を作ることより楽しく、きっと難しい。

茶丈藤村のたばしる

石山寺、「硅灰石」。石灰岩と、地中から突き上げてきた花崗岩がぶつかって、その熱作用で暴れ竜のようにうねり、変形した、巨大かつ異様な岩盤。

石山寺の名の由来であり、頂に国宝の本堂を遺す、国の天然記念物である。

本来ならば、ここに、その息をのむような光景の写真が載ってしかるべきなのかもしれないが、まあ、気を急くなかれ。このお菓子にもその光景が見えないか。

「石山の　石にたばしる　あられかな」

くだんの奇岩にあられが激しく降る様を歌に詠んだのは、石山寺に仮住まいしていた松尾芭蕉。門前そばの和菓子店［茶丈藤村］の「たばしる」は、芭蕉も見たであろうその光景を、お菓子で表したものだ。くるみを暴れる奇岩に、大納言小豆の粒を降りしきるあられに見立て、ひと口食べれば岩にはぜるあられの音が聞こえてきそうな、風雅なお菓子である。

この「たばしる」、実は職人泣かせの代物だ。あられに見立てた小豆は、三昼夜かけて蜜煮にする丹波大納言小豆。これをつぶさないよう、こぼさないよう、求肥に包むのがひと苦労らしい。芭蕉もまさか自分の句のせいで、職人さんが苦労することになるとは思わなかったろう。

とまれ、この「たばしる」は、ぜひ石山寺を訪れてから味わっていただきたい。

バンビ色のシフォン。

冨士屋の小男鹿

（徳島市・南二軒屋町）

持ってよし、食べてよし。

白玉屋榮壽のみむろ

（桜井市・三輪）

冨士屋の小男鹿

「小男鹿（さおしか）」は、京都の鷹峯（たかがみね）にある高名なお寺へ取材に伺った時に出してもらった思い出のお菓子だ。その取材はかなり苦労をして取り付けたものだったから、私はガチガチに緊張していたのだが、薄茶と出されたこの小豆味のシフォンケーキみたいなお菓子があんまりおいしくて、思わずどこのお菓子か尋ねたのだった。その会話をきっかけに、取材がスムーズに流れ始めたのを覚えている。

創業して140年以上になる御菓子司［冨士屋（ふじや）］の「小男鹿」は、明治10年（1877）頃、茶会の注文菓子として作られたのが最初だそうだ。「小男鹿」とは雄の子鹿のこと。米粉にたっぷりの山芋、卵、皮むき小豆と砂糖をあんこ状に炊いたものを加えて、きれいな〝子鹿色〟に蒸し上げてある。ふわふわの生地は、噛むと一瞬ねっちりとして、小豆の香り、和三盆糖のやさしい甘みと共に、すーっととろけていく。

ちらちらのぞく大納言小豆は鹿の背中の斑点、抹茶のストライプは鹿が大好きな若草。お茶席にも重宝されていて、奈良のある茶会では、大きな器にいくつも並べて子鹿がたわむれるさまを表現した亭主がいたそうだ。ところで子鹿で思い出したけれど、ディズニー映画のおめめパチクリのバンビって、女の子じゃなく「小男鹿」だって、知ってました？

白玉屋榮壽のみむろ

この最中は、手に持った時すでにおいしい。すべすべの皮の手触り。皮からはみ出すことなく美しく詰まったあんこの重み。「みむろ」が家にある時は、あの感触を求めてつい箱に手が伸びてしまう。

はだかで紙箱に収めてあるのもいい。初めて買った時は、正倉院の宝物の文様が刷られた包装紙の外からも皮の香ばしい匂いがして驚いた。しかも2、3日たっても湿気らず、まだ香りがいい。

弘化元年（1844）創業の最中専門店「白玉屋榮壽」の7代目である石河敏正社長は、それは最中が呼吸しているからだと話す。

「サンドイッチが布で包んで落ち着かせた方が作りたてよりおいしいように、最中も、あんこの水分が皮に移り、皮から水分が抜けた頃が一番おいしい。包装するとそれが妨げられてしまう。私などは昨日の最中が一番好きなくらいです」

あんこは、自家製のこしあんに別炊きの小豆を混ぜたもの。小豆は主に大和大納言を使うことにこだわる。江戸時代から小豆の産地として有名な隣の宇陀市を中心とした農家に栽培を頼み、できた小豆を一軒一軒集めに回る昔ながらの「庭先買い」を続ける。中身が皮もろともふっくら膨らむ、「みむろ」に欠かせない地小豆だそうだ。話を聞いていたら、あのふわふわのあんこが思い出されて、また手が箱に伸びてしまった。

ぼたんの花咲く、よもぎ餅。

中将堂本舗の中将餅

（葛城市・當麻）

右　県外から毎朝やってくる人、散歩の途中に寄っていく人、朝ごはん代わりに食べていく人。日課のようなこなれた所作。店の朝は忙しい。
上　春に摘んだ野生のよもぎをたっぷり搗きこんだお餅の美しさ。餅米はおじいさんの代から受け継ぐ田んぼで実らせた自家栽培米。

うわ、何これ。アワビ？

仕事で奈良方面に行くついでに、何かいいあんこはないかしら、とネットをふらふら見ていた時に出合ったそれは、アワビの姿煮を折詰にしたような造形をしていた。

セミが鳴く、真夏日の朝9時。近鉄南大阪線の当麻寺（たいまでら）駅を出てすぐのところにある「中将堂本舗（ちゅうじょうどうほんぽ）」は、すでに、あんこを炊く甘い香りと、餅米を蒸す湯気でいっぱいになっていた。カウンターの奥からは、たっぽん、たっぽん、と餅を搗（つ）く音。頭に三角巾をキュッとしめたお姉さんたちが、忙しく立ち働いている。今すぐ食べたい旨を伝えると、「冷たいお茶と温かいお茶、どちらがよろしいですか」と気の利いたことを訊いてくれる。

席に着くとまもなく、憧れの〝アワビ〟2つがお皿にのってやって来た。よもぎ餅の濃い緑色に、まるでチョコレートのようなあんこの色がいい。口の中で、荒々しい草の香りとコクのあるあんこの風味がやわらかい餅にまみれる。いいぞ、いいぞ。電車を5回乗り継いだ甲斐があった。隣のテーブルのおじさんなどは、朝だというのに、ひとりで2人前頼んでいる。

カウンターの中に視線を移すと、ジェンガのように積み上げられた空の折箱の間から、よもぎ色の三角巾をした女性がへらを素早く動かして、よもぎ餅にアワビ形のあんこをつけているのが見えた。

「あれは、ぼたんの花びらをかたどったものなんですよ」

3代目店主の竹本宏子(ひろこ)さんが教えてくれた。名はアワビ餅ではなく（当たり前だ）、「中将餅(ちゆうじようもち)」。店を出て真っすぐ西に行ったところにある當麻寺(たいまでら)に出家した中将姫にちなんでつけられた名前だ。天武天皇10年（681）、二上山(にじようざん)のふもとに遷造された當麻寺は、尼僧になった中将姫がひと晩で織り上げたという伝説が残る當麻曼荼羅、日本最古の梵鐘や石燈籠など、多くの国宝・重文を抱える古刹。約5000株が咲き乱れるぼたんの名所としても知られていて、開花時期の4月と5月は、すごい人出になるという。

昭和4年（1929）創業の「中将堂本舗」は、當麻寺そばに住んでいた竹本さんのおじいさんが、鉄道が通ったのを機に駅前に居を移し、参拝客向けにおみやげ屋さんをしながら、あんこをのせたよもぎ餅を売り出したのが始まりの店だ。

この界隈では、お正月やお祭りの時に、各家庭で手のひらほどもある大きなあんつけ餅を作って食べる習慣があるそうで、おじいさんは、そのあんつけ餅をひと口サイズにして売り出した。

「あんこをぼたんの花びらの形にしたのがいつ頃かは聞いていませんが、あんつけ餅をひと口大にしてみたら、ぼたんの花びらに見えるなぁということで、こういうデザインにしたようです。當麻寺がぼたんの名所として有名なことも、もちろんあったと思います」

甘味としての役割を果たせば十分なはずのあんつけ餅に、ぼたんの花びらを見る感覚。

右　「中将餅」12個入り。極楽浄土の景色にもたとえられる當麻寺の咲き乱れるぼたんはまだ見たことがない。来年こそは、きっと。あんこの花びらを食べて春を待つ。
左　虎と学者の絵が描かれた衝立の前の木台は、當麻寺の本堂を修復した時に出た古材で作られたもの。国宝の片鱗は、この界隈の数軒に伝わり、大切にされている。

アワビしか見い出せなかった自分が情けない。

［中将堂本舗］は、竹本さんのお父さんの代からよもぎ餅を使ったあんつけ餅の専門店となり、一年を通して売るようになったが、このあたりでは今でも、ぼたんの開花時期だけ、あんつけ餅を売る家があるそうだ。

あんつけ餅はそれぞれの家庭で、少しずつやり方や味つけが違っていて、昔は、たくさん作って近所に配る姿もよく見られたという。

「まだ熱いあんこをお重に入れて、お正月はお雑煮にも入れる丸餅、春はよもぎ餅を、ぽんぽんって放り込んでね。うちは生あんを甘さ控えめに練り上げて、別炊きの大納言小豆を加えてコクを出しているんですが、これは私の家のあんつけ餅のやり方なんです」

そんな竹本さんはじめ、お店の女性たちがいつにも増して忙しくなるのは、よもぎの収穫時期である4月と5月。この間に、お店で使う1年分のよもぎを一気に仕込む。農閑期にあたるので、地元の休耕田に自生するよもぎを農家の人に毎朝摘んできてもらい、混じった野草などをとりのぞき、一枚一枚手で洗って、茹で上げる。多い時で、1日50キロ分こなす日もあるというからすごい。その時期は、洗ったよもぎを山盛り入れたざるが店いっぱいに並ぶそうだ。

「5月14日の當麻のお練り（中将姫の極楽往生を再現するお祭り）が済んだら、いいよもぎがとれる季節もそろそろ終わり。その後はどんどんひねてきますから」

ところで、［中将堂本舗］は、夏の7月21日～8月7日と8月21日～31日、冬の12月31日～1月7日だけ閉店するという少し変わった休みの取り方になっている。

「お店で働く皆さんのほとんどが家庭のお母さんなので、子どもたちの夏休みと冬休みには休んでもらおうと思って……。でも、帰省したらまずうちに寄ってくださる方も多いので、さすがにお盆と年末は休むわけにいかないだろうと、こういう日取りになりました」

とかく［中将堂本舗］は忙しい。その忙しさはどこか、正月の家の台所の空気に似ている。今は薄れてしまったハレの日の風習、あんつけ餅を作っているせいだろうか。途切れることなく訪れるお客さんも、今日家で何かあるのかな、と勘ぐってしまうような、結構な量を買っていく。玄関に着けば、第一声はきっとこうだ。よもぎ餅、買ってきたよ。

ぼたんの季節は春。でもこのぼたんは、春を連れてくる。きっと今日も當麻では、どこかの家の食卓でぼたんの花が咲いている。

〈追記〉［中将堂本舗］の休みは現在、夏の7月1日～31日と8月20日頃～31日、冬の12月31日～1月10日になっています。

あんドーナツと
呼ばないで。
萬々堂通則の
ぶと饅頭
（奈良市・奈良町）

右　香ばしく揚がった薄い生地にこしあんがぎっしり詰まった「ぶと饅頭」。砂糖のジャリジャリ、春日大社の社紋が入った包み紙を開く指先の感触もいい。

上　春日大社の神饌菓子「餢飳（ぶと）」をもとに起こした「ぶと饅頭」用の木型。生地にこしあんを包み、型押しし、揚げてグラニュー糖をまぶす。すべて手作業で1日1,000個は作る。

もしも近くにこのお菓子を食べたことのある人がいたら、試しに「ぶと饅頭ってどんなお菓子？」と訊いてみてほしい。十中八九、「あんドーナツみたいなもんよ」と返ってくるはずだ。まあ、それも名回答には違いないが、ちょっと的を射すぎていて風情がない。包み紙をむくなりムシャムシャ食べられてしまいそうな感じだ。

かくいう私も同じ穴のむじなで、このお菓子を作っている江戸時代創業の御菓子司「萬々堂通則」での取材中、「ミルクもいいですけどカフェオレにも合いますよね」などと、かなりあんドーナツ寄りの発言を繰り返していた。すると女将さんの河野美知子さんが、「まあ、あんドーナツみたいとは、よう言われますけど……」と少し残念そうな顔をされたのだ。

その場でしばし反省した。あんドーナツ以上の「ぶと饅頭」を知ろうとしていただろうかと。

そもそも「ぶと」とはなんだ。「ぶと」は、漢字で「餢飳」と書く。「餢飳」は、奈良・飛鳥時代に遣唐使が伝えた唐菓子の一種で、伏したウサギに似ることから「伏兎」とも書くらしい。春日大社の神様・武甕槌命が白い鹿に乗って奈良に来た時から今日まで１３００年以上、社の神饌菓子として祭礼に欠かさず供えられてきた。神職さんは、「餢飳が作れて一人前」と日々訓練に励むそうだ。

その餢飳、米粉を餃子のような形にして油で揚げたもので、実際には焼いて醤油でもつけないと食べられたものじゃないらしい。そこで春日大社の宮司さんと親しかった先々代が、これをお菓子にしてみたいと直々に許しを得て、こしあん入りの揚げ菓子にした。

「餢飳」の生地は米粉だが、「ぶと饅頭」の生地は小麦粉と卵。北海道産小豆を使った自家製のこしあんは、「ぶと饅頭」用に水分を飛ばして固めに仕上げる。美知子さん曰く「ドーナツみたいにベトベトするのはいやだから」、とうもろこし油で揚げて軽さを出す。

実はこの「ぶと饅頭」、砂糖をまぶす前にもうひと手間かかっている。『あんこの本』としては是非書きたい内容だが、書かないでと言われてしまったので今回は割愛。でもそれを聞いて余計あんドーナツと呼べなくなった。これは手の込んだ上菓子だ。興味がある人はお店で訊いてみてください。

日本一の薄墨色。
みよしのおはぎ
（松山市・大街道）

右　「おはぎ」はもともと粒・こし・きなこの３色だったが、常連さんの提案で５色になった。料理人の辻嘉一（つじかいち）さんが著書でその味を褒めてくれたのが史枝さんの自慢だったそうだ。箸袋には「母の手のまるみでできる　はぎの餅」の句。松山は俳句の街。
上　朱花さん。店に昔の写真が入った新聞があったが、相当な美人だった。

松山は、あんこの街だ。松山藩主・松平定行公が「ジャムをあんこに変えよ」と命じた南蛮菓子「タルト」。小説『坊っちゃん』で夏目漱石が書いた、道後温泉そばのあんころ団子がモデルの「坊っちゃん団子」。こしあんの宝石みたいな「山田屋まんじゅう」、自家製あんこの甘さがやさしい「労研饅頭（ろうけんまんとう）」、道後温泉ボランティアガイドのおじさんが教えてくれた「日切焼（ひぎりやき）」もおいしかった。ついでに言えば、「じゃこ天」はあんこハシゴの口直しにぴったりである。

そして忘れてはならないのが、大街道（おおかいどう）にある甘味処「みよしの」の「おはぎ」だ。

初めて訪れた時は、まずボリュームに驚いた。粒あん・こしあん・きなこ・青のり・炒りごま。あんこの街・松山を確信させる、圧巻の1人前5つである。しかし食べ始めると、ごまのプチプチ、青のりの海の香りもアクセントになって、おはぎの定食を食べているように飽きることなくあっという間に平らげてしまった。何より、あんこがとてもさっぱりしている。

あんこに興味を抱き始めた頃、和菓子の本などでたまに出てくる「藤色」とか「薄紫色」といったあんこの色の表現にうっとりしていた。その中でも、特に情緒があって好きだったのが「薄墨色」。「みよしの」のこしあんの「おはぎ」を見た時、きっとこれが薄墨色というやつだ、と憧れの作家に会ったような気持ちになり、思わずお店の人に「あんこの色がきれいですね」と言ってしまった。

「うちのあんこは日本一。それが母の口ぐせでした」

そんなお話を始めてくれたのは、「みよしの」の現店主・中沢朱花（なかざわあやか）さん。昭和24年（1949）に店を始めて、96歳までカウンターに立ち続けたお母さんの杉野史枝（すぎのふみえ）さんは、平成20年（2008）、惜しまれながら亡くなった。店のごまとこしあんの「おはぎ」が大好きで、最期の日まで毎日欠かさず食べておられたそうだ。

戦時中、船の設計士だったご主人が上海で結核を患い、生計を立てるために、史枝さんが自家製のおはぎを売り始めた。今でこそ「売り切れ次第閉店」が合言葉の「みよしの」の「おはぎ」だが、終戦直後はソフトクリームやケーキにみんなの目がいって、あまり売れなかったらしい。でも史枝さんは、誰よりも自分のあんこが好きだった。

「研究のためにいろいろなところの和菓子も食べてみるんですけど、何を食べても、やっぱりうちのあんこが一番、と言っていましたね。あんパンも中身を自分のあんこに入れ替えて食べていました」

そんな史枝さんのあんこは現在、ある女性たちの協力によって受け継がれている。あん炊きは、力仕事だ。店とあん炊きの両方が女手に負えなくなった史枝さんは、ある日、自分のあんこの作り方を親戚の女性に伝えて任せた。その女性も年老いて、今度は娘のように可愛がっていた近所の女性に引き継いだ（朱花さん曰く「力持ちの女性」）。そして今は、その力持ちの女性の、息子さんのお嫁さんにバトンが渡されようとしている。

おはぎ５つを平らげてもおしゃべりは尽きない。店の奥には司馬遼太郎『街道をゆく』の挿絵で知られる画家・須田剋太による「みよしの」の書が。

「不思議なご縁ですけど、もう何十年も炊いていただいているのでとても信頼していま
す。おはぎは、もともと家庭でお母さんやおばあちゃんが作るようなものですから、女
の人の方がいいんですよ」

粒あんには大納言小豆、こしあんには小豆。いずれも60年以上つきあいのある雑穀屋
さんから仕入れる北海道産だ。史枝さんが、さっぱりしたあんこが好きだったので、小
豆の旨みは残しながらも、アクはしっかり抜く。特にこしあんは、強火で小豆を茹でこ
ぼした後、「ケンド」と呼ばれる金網のこし器で皮と呉を分け、「うんと白っぽい薄紫」
に仕上がるようさらすそうだ。

朱花さんは、平成12年(2000)頃からお店に立つようになった。親子3代にわたる
お客さんも多く、史枝さんが亡くなってからはとても責任を感じるという。

「おはぎもそうですが、母の人柄に惹かれて会いにこられるお客さんが多かったので、
このままずっと追いつけないんじゃないかな、と思っています。明治の末に生まれた母
は、とても我慢強かった。でも頑張るだけ頑張ったら、仕方がない、とパッと切り替え
るいさぎよさもありました。人生は生まれた時に決まってるんだよ、って」

アク抜けてどこまでもさっぱり。母の真似はできません、と朱花さんは言っていたけ
れど、この目の前にあるこしあんの薄墨色に、明治の女のいさぎよさがちゃんと受け継
がれている気がする。

5色の「おはぎ」は、申し出れば「青のりをやめてごまを2つに」なんてわがままを言ってもいいそうだ。念のため確認したら「こしあん5つ」も可能だった。5色も捨てがたいけれど、次に来た時は、お皿の上を「日本一の薄墨色」で染めてみようと目論んでいる。

夫婦合作、アイデアあんこ。北川製あん所のあん・はいっちゃった!! マフィン

（丸亀市・西本町）

堀池さん夫婦が共同開発（?）する「あん・はいっちゃった!! マフィン」。季節ものも含めると20種類はあるという。伸治さんがつきっきりで練り上げるジャムのような粒あん「とろ〜りあん」（ヨーグルトに入れるとおいしい）など、新作開発にも余念がない。

白あん
黒ゴマ
あん・はいっちゃった!!マフィン
きなこ
カフェオレあん
あん・はいっちゃった!!マフィン
北海道
大納言かのこ
さつまいもあん
あん・はいっちゃった!!マフィン
つぶあん
黒ゴマ
あん・はいっちゃった!!マフィン

JR丸亀駅から徒歩で7、8分。目印は、広い一本道、何十枚も干された小豆色の搾り袋、年季の入った一戸建てだ。

ここ［北川製あん所］は、丸亀に住む後輩に教えてもらったお店。なんでも「いろんな味のあんこ入りマフィンがある」らしい。中に入ると、広めの土間。右奥の5段のスチール棚にそれはあった。

その名も「あん・はいっちゃった!! マフィン」。もう・びっくりマーク2つ!! なのである。

「そこのかごで自由にとってくださいね」

木造カウンターの奥で事務仕事をしていた年配の女性が声をかけてくれた。棚を眺める。マフィンは、あんこのバリエーションを楽しむタイプと、生地にあんこを練りこんだタイプの2種類があるようだ。ミルクティーあん、カフェオレあん、抹茶あん、きなこあん、生クリームあん。季節限定のあんもある。黒ごま入り生地のマフィンひとつとっても4種類の味のあんこがあって、にわかに全体像を把握しきれない。急きょ命名されたこの「あん・はいっちゃった!! ツアー」、京都からやって来た旅のアドレナリンも手伝って、参加者の友人があきれるほどの量を買ってしまった。ここでひとつ食べていってもいいですか。そう申し出ると、快く縁台を勧めてくれた。

「丸亀市の製あん所はもうここ1軒だけ。人口少ないからね。このマフィンね、自分らで焼いとるんよ。だからちょっとしかでけんの。この黒豆と大納言のマフィンは買うた？買うてない？　食べて食べて」

　お店を手伝っているという腰の曲がったおばあさんがひとつマフィンをくれた。生地がモチモチしていておいしい。豆の甘さと相まって、洋風のお饅頭みたいだ。

「このあたりは正月にあん餅雑煮というのを食べるんですよ。京都のように白みそのおつゆでね」

　今度は、さっきかごを勧めてくれた、クールな感じの女性が話してくれた。黒豆と大納言のおばあさんもいつのまにか奥に引っ込んでしまわれたので、お礼を言って店を後にした。と、50メートルほど進むと背後から何か聞こえる。振り返ると、遠くで2人が手招きしながら私たちを呼んでいた。

「お茶、入りましたぁー」

　その光景が忘れられず、取材に訪れたのは3カ月後。その日は、3代目の堀池伸治さんと奥さんの康恵さんが迎えてくれた。

「うちはこんな(気どらない)店なのでね、ゆっくりしてってください。お茶くらい出しますよ」

「北川製あん所」は大正10年（1921）頃から続く製あん所。かつてこの界隈は船頭町と呼ばれ、店前の道は、海の神様として崇められる〝こんぴらさん〟（金刀比羅宮）への

上 「スプーン1杯からOK」の量り売りの粒あん（追記／現在は袋詰で販売）。その姿、まるでチョコレート・ブロック。添加物は入れない。でも砂糖の加え方や火入れの技で1週間はもつという。しっかり甘いが水分を飛ばして豆を凝縮させたあんこは日なたのような味がした。
左 仲むつまじい伸治さんと康恵さん。

西本町
二丁目
7-12

おすすめマフィン
M.D
MORE DOTS

参詣ルートだったそうだ。

　静岡県出身の伸治さんのおじいさんが、製あん業界のゴッド・ファーザー、北川勇作（P247）率いる大阪の［北川製餡所］に奉公に入り、その後のれん分け。軍の基地があり繁栄していた丸亀に目をつけ、大正時代に開業した。

「その頃の製法、まだ一部で受け継いでますよ。こしあんを作る時に小豆の実と皮を分ける六角篩（ろっかくぶるい）なんて、骨董品モノです。道具もやり方も昔のまんま。やってる人間と同じで進歩ないですよ」

　そう言って笑う伸治さんに、あんこ入りマフィンという進歩形を提案したのは康恵さん。実は私あまりあんこを食べない方で……と苦笑の打ち明け話になった。

「あんこを和のイメージじゃなく食べたいなと思って。あんこの味はどうやって決めるかですか？　それは……私が食べたい味です」

　あんこに別の素材を混ぜ、さらにマフィン生地に入れてふっくらさせるのは大変難しいことらしく、各マフィンで材料の配合が異なるそうだ。その配合を考える康恵さんが「柚子味食べたい」「さつまいも大好き」といったオーダーをすると、伸治さんが腕まくりをして新しいあんこの開発に乗り出す。

　この原稿を書いている今日はバレンタインデー。［北川製あん所］には季節限定の生チョコあんのマフィンが並んでいるはずだ。白あんにチョコを混ぜる時は「ものすごく緊張する」と言っていた伸治さん。康恵さんの期待を裏切らず、無事にチョコは混ざっただろうか。

取材当日、「お茶、入りましたぁー」の2人はおられなかった。伸治さんのお姉さんと従業員の方だそうだ。あの時は、いい夏の思い出をありがとうございました。

あんこ&ピース。

あんですMATOBAのシベリア

（東京都・浅草）

「こしあんぱん、小倉あんぱん、あんドーナツが三羽ガラス」と研二さん。水彩画のポスターは、引退したパン職人さんが描かれたそうだ。

伝統の製法で作られた
本物のおいしさに出会える
まとばの
小倉あん
こしあん
天津甘栗
あんぱん
甘栗50%入り
あんです
オリジナルパン
甘栗

「あんです、イイです。すっごくイイです」
浅草寺裏にあるベーカリー［あんですMATOBA］を訪れた時、そのあまりにピースフルな光景に呪文のようなコトバをとなえてしまった。店の棚を覆いつくす、丸々としたあんパン。MATOBA'S SPECIALと書かれた揃いのエプロンの店員さんたち。発売中のパンが紹介された水彩画の手描きポスター。そしてショーケースには、おはぎ用あんこや甘納豆と並んで「シベリア　当店自慢の品」と書かれた、初めて見るあんこ菓子があった。

シベリアは関西では見かけない食べ物だ。東京だけのものなのか、関東のものなのかは定かでないが、『聞き書 東京の食事』（農山漁村文化協会）で「ミルクホールで、ミルクコーヒーを飲みながらシベリアを食べる」という一文があるから、明治から昭和初期に流行ったものなのだろう。お店のポスターには「戦争でシベリア大陸に出征した兵士が見た真白な雪の平原を走る汽車の姿」を表したとある。三角形、台形、長方形、扇形とフォルムにも色々あるようだ。

「うちは結構、シベリア売れてますよ。あれは2日かけなきゃいけないから、やるとこ少ないんだ。カステラ生地を寝かせて焼いて、羊羹作って、ほっぺして切んなきゃなんないからね」

創業大正13年（1924）、［的場製餡所］の2代目社長・的場研二さんは独特の調子で言った。『あんこの本』の取材に来ました、そう告げると、ベーカリーではなく、階上にあるこちらの事務所に通されたのだ。そう、［あんですMATOBA］は、研二さん率いる［的場製餡所］の〝あんテナ・ショップ〟なのである。

この研二さん、名前に研究の研の字が入っているだけあって、かなりの学者肌。

「小豆はね、コンリュウバクテリアをチカコテイしますからね。つまりチッソの肥料がいらない。自然のチッソのチカコテイで……」

「砂糖も大事。エキクロ、つまりエキタイクロマトグラフが……」

「ショクヒンゴテイ持ってないの？　あなたこの本持ってなきゃ食品語れないよ。小豆とあんこの全ての成分表出てるんだから。ダイエタリーファイバーもね」

知識のシャワーを浴びること1時間半。最後に研二さん渾身の著書、その名も『餡』を頂き、フラフラになりながら階下に下りた。

「ごめんなさいね。度を超しちゃってるでしょ、専門的すぎて」

［あんですMATOBA］を率いる奥さんの敏江（としえ）さんが困り笑いしながら労ってくれた。そばではどんどん、あんパンが焼き上がっている。こちらのオープンは、昭和55年（1980）だそうだ。

「子どもが独立して社長と2人になったものですから、何かやりたいなと思ったんです。私の実家がパン屋だったから、じゃあベーカリーをやってみようか、って」

胡桃あんぱん
シベリヤケーキ
MATOBA'S SPECIAL
MATOBA'S SPECIAL
こしあん
1680
1680

右　店員さんやパン職人さんは勤続年数10年以上の人ばかり。白いエプロン姿の女性が敏江さん。「あんこもおいしいけどパンもおいしいねと言われるのが嬉しいです」。進物箱があるのも素敵。

上　「シベリア」。少し冷やすとおいしいので、店では冷蔵ショーケースに並べてある。

敏江さん、最初は青山にある憧れの［アンデルセン］（追記／現在は閉店）みたいなお店にしたかった。けれど、なかなかいいデニッシュができなくて、最終的に研二さんがあんパン専門店という名案を打ち出したそうだ。

「常時20種類のあんパンがあるというのは珍しいので、かえってよかったな、って今は思います」

個人的な好みで言えば、この店は、こしあん入りのパンがキマッてると思う。製あん所が担ってきたのは、和菓子屋さんなどに代わって、労力のかかるこしあんを作ることだ。研二さんも「こしあんこそが〝あんこ屋〟の本命ですよ」と言っていた。でもそんな事情を知らなくたって、「シベリア」のしっとりしたカステラ生地とみずみずしい羊羹の一体感を味わえば、その言葉の意味はすぐにわかるはずだ。

〝あんこ屋〟という言葉で思い出した。あんこ屋の息子である研二さんと、パン屋の娘である敏江さんの馴れ初めを記しておきたい。

「それは……当時、社長がうちの店によくあんこを配達しに来てたんです。趣味が写真でね。ものすごく高いカメラを持っていて、かなりモデルを写したんですね。……そのうちのひとりになったんです」

やるネ、研二さん。別の日、ベーカリーの方で敏江さんたちを撮影していたら、研二さんが事務所から下りてきた。もちろんカメラに興味津々。「あれ（敏江さん）はね、すぐ目をつむっちゃうんだ。撮るの難しいよ」と私たちに助言してくれたが、その横顔はちょっと得意げなのだった。

「ラブ＆ピース」と言ったのはジョンとヨーコ。研二さんと敏江さんの場合は、さしずめ「あんこ＆ピース」だ。

〈追記〉的場研二さんと敏江さんはその後引退され、「的場製餡所」の社長には息子の茂さんが、「あんですＭＡＴＯＢＡ」の社長には娘の磯野浩子さんが就任されました。

東のきんつば。

徳太楼のきんつば

（東京都・浅草）

店を訪れる人のほとんどが買っていく「きんつば」。6個入りはお年賀の挨拶回りにも重宝されている。「縁台でよければその場でどうぞ」と真理さん。少し冷やしてもおいしい。

ここ［徳太樓］の「きんつば」は、初めて食べた「東のきんつば」だ。

鰻も寿司もそばも、最近では落語や漫才も東の方がいいな、と思うことが多いのだが、浅草に住む文筆家の方に教わったこの「きんつば」も、江戸風情への憧れを十分にかきたててくれるものだった。

まず江戸小紋のよろけ縞みたいな掛け紙がいい。そこに小豆色のシデ紐。色紙を散らした文庫本よりひとまわり小さい貼り箱は、捨てられない空き箱のひとつだ。

「きんつば」は、立方体に近い高さとマチ。関西のきんつばは平たくて大きい〝ぼてっ〟としたのが多い気がするが、サイコロのような形とプリッと寒天の効いたつぶしあんの淡味ぶりがとてもよく似合っている。藤色のあんこが透けて見える、衣の薄さも色っぽい。

浅草観音裏にある和菓子店［徳太樓］の創業は明治36年（1903）。館林藩・秋元家の下級武士が明治維新で失業、江戸に出てよろず屋を開くも立ち行かず、日本橋の［榮太樓總本鋪］にゆかりのある店へ息子を修業に行かせた。その息子というのがこの店の初代です、と3代目主人の奥さん・増田真理さんが教えてくれた。

「三業ってわかりますか？　料亭、待合、置屋ね。料亭は芸者さんを呼んだり料理を出すところ。仕出しもします。待合はお客さんと芸者さんが遊んだり飲んだりするところ。置屋は芸者さんがいるところ。このへんはその3つが揃ってたんです。もう待合はなくなっちゃいましたけどね。私がお嫁に来た40年ほど前は花柳界も盛んで、お店が30軒以上ありました」

花柳界とは、芸者衆が出入りする料亭街がある土地のこと。［徳太樓］の「きんつば」は、その花柳界のみやげとして重宝されたそうだ。

「料亭さんや待合さんから、おみやげ頼むね、きんつば何個入りいくつね、と電話がかかってきてそれを配達するっていう、そういう商売だったんですよね。料亭さんからは今もお声がかかりますよ。おそらく、お着き菓子なんかにも使われてるんじゃないかな」

いつお呼びがかかるかわからないので、昭和55年（1980）頃までは、朝9時頃から夜11時頃までずっと店を開けていたそうだ。

「夜になると芸者さんたちが、今よりいっぱい歩いてました。風情があった」

あんこの歴史を紐解いていると、浅草ときんつばはたびたびセットで登場する。安政年間（1854〜1860）、先述の［榮太樓總本舗］の前身である屋台が江戸で初めてきんつばを売り出し、浅草界隈、次いで吉原の遊女の間で大流行した話。幕末の浅草で、従来のきんつばより上等なあんこで作った「みめより」が大ヒットし、それが今の四角いきんつばの元祖となった話、などなど。

手を汚さず、三口で食べられて、後の料理の邪魔にならず、お酒を飲んだ後にも無理のない、テイのいいお菓子。京都の祇園に、舞妓さんのおちょぼ口でも食べられるよう

上　薄化粧のような皮にほれぼれ。店のあんこはすべて自家製。「きんつば」には、皮が薄くきれいな藤色が出る北海道小豆を使う。
左　平成22年（2010）頃まで、毎月1日と15日には、料亭の神棚のお供え用に配達されるこしあん入りの大福餅を売り出していた。のし餅であんこをくるっと巻いた面白い形の豆大福や、お店で炒ったゴマ塩がたっぷりつくお赤飯もおいしい。近くには、芸者さんの手配を請け負う事務所「見番（けんばん）」、今は建物だけを残す待合［梅乃家］が。

御菓子司
徳太樓
どらやき
小倉山
御赤飯
御赤飯

小さく作った餃子を出す店があるが、［徳太樓］の「きんつば」もとても花街らしいお菓子であることが想像できる。

「さっぱりしてる、というのはよく言われます。甘くないからヤダって人もいますけどね。とにかくいい小豆使って、砂糖をうんとこってり入れないで、やわらかく仕上げること。うちのきんつばのあんこはやわらかい、ずいぶん。焼き手が一番大変じゃないかな」

息子さんの有希人（ゆきと）さんが今焼いているというので、2階の作業場にお邪魔した。前日に舟に流しておいた寒天入りのあんこを羊羹包丁で切り分け、銅板で20個ずつ、焼き目がつかないよう注意して焼いていく。焼いているというよりは、衣がひとりでに吸いついていくようだ。余分な衣を落とすため、焼く前にいったんしゃもじにきんつばを置く手の動作が美しい。

「とにかくうちのきんつばはやらかいから焼きにくいの。もし機械だったら、こんなやらかいものつかめない。小麦粉の溶き方も人それぞれだよ。親父のはもっと薄いけど、俺はこのぐらいがいいと思ってる。でないと、あんこ食ってるのとおんなじになるから」

4代目には4代目のきんつばの美学があるのだった。有希人さん、同じ浅草観音裏にある寿司屋のようなおにぎり専門店［宿六（やどろく）］の息子さんと声を掛け合い、［徳太樓］をはじめとする言問（こととい）通り以北の和菓子店のお菓子を持ち込みで食べてもいいよう、取り計らったそうだ（追記／現在は終了）。真理さん曰く、［宿六］も冷や酒と味噌汁しか置かないような、浅草らしい粋な店だという。

〔徳太樓〕の「きんつば」を待合に配達してもらうことはもう叶わないけれど、次に浅草に来た時には、自前でお着き菓子気分を味わってみることにしよう。

駄餅屋でありたいワケよ。

松島屋の新栗むし羊羹

（東京都・泉岳寺）

とろけるようにやわらかい羊羹生地に、大粒の栗がゴロゴロ無秩序に入った「松島屋」の「新栗むし羊羹」。登場するのは9月半ばから12月頭まで。この味、大きさ、栗の量。売り始めた先から予約でいっぱいになってしまうので、この羊羹のことを考え始めてしまった日は、もう仕事が手につかない。

これ、なんの本？　あんこの本？　それはそれは素晴らしいですね。うち？　うちは大正7年（1918）創業。いわゆる餅菓子屋。このへんはね、旧東海道なの。牛車とか馬車で、馬込から野菜なんかを築地まで運んでね。で、このへんって坂じゃない？　坂を上って、甘いもんでも食べて、また帰る、っていうポイントだったみたい。

あと、うちの隣から向こうが東宮御所だったんです。それで大きいお屋敷ばっかりだったから、そこで働いてた方たちに買っていただいたり、ここで座ってひと休みしていただいたりね、それで成り立ってた部分があるみたいです。

うちは「大福」をよく言っていただくんだけど、亡くなられた昭和天皇が甘党で、うちのを食べていただいてたらしくてね。うちみたいな小さな店が、っていうんで、親父が取材を受けて、それで急に有名になっちゃって……。今では本当に感謝してます。

この「新栗むし羊羹」はね、おれだったらこういうの作りたいな、って思って作ったお菓子なの。栗蒸し羊羹ってさ、やっけに甘くて、栗がものすごい少ない、小麦粉がキョウレツーーッ！　みたいなのが多いじゃない？　ねちっこくてさ、アゴの弱いおれのような方は、ちょっとキツイわけよ。できたらこう、ほどよい甘さで、栗がたっくさん入ってて、サクッと食べられる蒸し羊羹の方がいいな、って。

なんせバカ息子で育ってきちゃってるからさ、いや、ほんとに。お菓子の学校とかも夜行かせてもらったんだけど、昼間ここで働いてから行くじゃない。そうすっとさ、眠たくなるんだよね。無駄な金になっちゃうなー、って思いながらさ、それでも栗蒸し羊羹ぐらい作れるようになんなきゃ、って思ったの。でもさ、その作り方ってのが、大きいせいろに枠を置いて、布しいて、羊羹の生地を流すんだけど、もう蒸気が上がってんのね。そしたらさ、布と羊羹の接点がびちゃびちゃになんのよ。栗だって蒸し上がる寸前に並べてさ。

うちは今、羊羹は舟ごと蒸しちゃってるから。茶碗蒸しみたいに、栗とあんこの旨みを閉じこめてさ。そんな風に、おれだったらこう作るな、っていうのをやってみたら、意外と好評だったの。27、28の頃だったかなぁ。最初はサービスしすぎなぐらい栗を入れて、蒸し上がった時点で割れちゃってたよ。羊羹の生地が少なすぎてさ。そんで今度は芋羊羹も、裏ごししてなめらかなのよか、ゴツゴツ芋っぽいやつのがいいんじゃないか、って作ってみたら、それも喜ばれて。栗蒸し羊羹やってる間はできないから、1月になっちゃうんだけどね。

その頃、「松島屋」は存亡の危機というやつを迎えててさ。おいなりさんとかのり巻きもやめちゃって、おれも必死で栗蒸し羊羹を作ったり芋羊羹を作ったり、いっぺんにやってたから、いつも夜中の2時とか3時になっちゃってね。3年ぐらいそうしてたかなぁ。

羊羹に使うこしあんは、「大福」のつぶしあんと同じ、石狩の豆を使ってる。十勝よ

上　お話を伺った３代目の文屋弘（ぶんやひろし）さん。屋号は初代のおじいさんとおばあさんのふるさと、宮城県・松島から。
左 「大福」に入れるあん玉も、ひとつずつ手でにぎる。「明日の大福のために何をしようかっていうと、まずこれを作ることから始めるの」。はい、出来たて、と言って、ひとつ口に放りこんでくれた。

か石狩のが味が濃い気がすんだよね。で、小豆が煮えたら竹ざるにバーッとやって、残った皮をギューッと搾って捨てる。これが「一番ごし」。で、まだ細かい皮が残ってるからさ、「二番ごし」って言って、今度は金網で目の細かいこしあんにしていくわけ。何かで、藤色にこしあんを仕上げられたら一人前、って読んだけどさ、おれはこれぐらいの濃い色が好きだな。なんかさ、小豆のアクもよしとしたいんだよね。

小豆の旨みってさ、皮と呉の間にあるわけよ。皮をある程度、時間かけて煮ることで、小豆の旨みがどんどん出てきて風味がよくなるわけ。だから、煮が早いと、なーんか若い匂いがすんのよ。なんていうの、「もうちょっと煮てくださいよ旦那！」っていう。上生菓子屋さんみたいに、皮をやぶかないように、豆を踊らせないように、っていう煮方もあるじゃない。でも、うちは、そういうんじゃないわけ。大福のつぶしあんなんて、もうガンッガンに煮ちゃっていいわけ。ガンッガン煮ちゃって、豆が割れようが何しようが、とにかく旨みを出しますよ、っていう。見てくれ悪いがなんだろうが、食べて、もう最っ高にうまいんだ、っていうものを作りたいのよ。

やってみたいお菓子、たくさんあるよ。でもね、時間ない。今は、豆大福と草大福ときび大福でしょ、豆餅、みたらし団子、栗蒸し羊羹、のし餅、きび餅、お赤飯。でもこういう仕事ってさ、たくさん作りゃいいってもんじゃなくて、自分の納得いくもんをこぢんまりと作ってさ、あー今日も仕事しちゃったなー、みたいな感じで終われるのがいいんじゃないかな。「大福」ってボタンを押すと大福の餅の固さに搗いてくれる機械もあるらしいけどさ、ここでおれがこうして（手動式の餅搗き機の前に座る）、「いらっしゃいませー！」って作ってんのがわかってるから、お客さん喜んで来てくれるわけだから。

うちって、駄餅屋みたいなもんなの。近所の子が小銭持って「だんご！」って買ってくような、そういうお菓子屋さんでありたいわけよ。偉くなろうったって偉くなれないんだけどさ、そういう身近なお菓子屋さんでいたいの、ずっと。

専門店ができてほしい。
松翁の
小倉そばがき
（東京都・神保町）

右　そばを平らげた後でもするりと入る「小倉そばがき」。その味は開店当初から評判で、百科事典のそばがきの欄に写真が載ったことも。きなこ、大根おろしもある。
上　料理好きのお父さんが作ってくれた手打ちうどんのおいしさが自分の原点だという小野寺さん。

あんこに関する古い文献を探しに、何度か足を運んだ神保町。古書店が並ぶ靖国通りと白山通りの交差点を北へ進み、［奥野かるた店］の手前で東へ。こんな道順で場所を覚えた［松翁］は、自家製粉の生粉打、つまり十割そばがおいしいそば屋さんだ。

「冬茹そば」「生海苔花巻そば」「牡蠣そば」……短冊に書かれた季節のそばのおいしそうなこと。でもその日は、たい焼きと豆大福をハシゴして、濃口のつゆで口直しをしようと思っていたから、並そばと田舎そばの「合もり」を頼んだ。東京のそばと濃口のつゆは、あんこハシゴの口直しに最高だ。

［松翁］では、鴨肉の脂で野菜をいためて鶏ガラスープを合わせた、どんぶり鉢のけんちん汁をセットにできるのが嬉しい。つゆも、濃口のほかに関西風の淡口が用意してあり、なんだか歓迎されている気がして、親しみがわいてしまう。

天ぷらは生け簀に泳ぐ海老や穴子の通し揚げ。お店の人が揚がったばかりの天ぷらをうやうやしくお客さんに運んでいくのを横目にそばを食べ終わると、そば粉をあらためて溶いたポタージュのようなそば湯が、鉄の急須にアツアツの状態で出てくる。

そして、あんこのハシゴの口直しに来たはずのその口が、あるものを頼んでしまった。品書きで目ざとく見つけた「小倉そばがき」。メニュー名の横に「お時間がかかります」と書かれていたので、そば湯を飲みながらお客さんが空いてくるのを見計らっていたのだ。

待つこと約15分。自家製の小倉あんがとろりとかかった、そばがきが運ばれてきた。これが、たまらないおいしさ。ふわふわで、なめらか。スプーンですくうと、もちっとしつつも身離れがいい。餅米のお餅は食べすぎると胸焼けするが、あっさりしたお餅のようなこのそばがきなら、いつまでも食べていたい。もし、そばがきの専門店があったら絶対通うのに。

「そばがきは、何しろ、かく。かいてかいて、こんくらいでいいか、って思ってからもうひとかきするんだぞ、と思ってやる。それぐらいかいて、なめらかにならないとおいしくないんです。私がそば屋を始めた時、いろんなところに食べに行ったけど、どこもそこまでかいてくれなかった」

そう話してくれたのは、[松翁] の店主・小野寺松夫（おのでらまつお）さん。創業は昭和56年（1981）。料理好きのお父さんの影響でそばの世界に入ったものの、修業先でのニガイ経験をもとに一段一段、階段を上るように店を作り上げてきた。

「修業に入ったそば屋さんで、想像以上に出来合いのものを使ってるのを見て、カルチャーショックを受けてしまって。味はそこそこでもいいから自分でなんでも作って商売をしたいな、って。自分で店を始めてからは、修業先で習ったことからどうやって化学調味料を抜いていくかが大変でした。わさび、だし、返し（つゆの素）、かつおぶしの削り方まで、何もわからず、全部いちからやり直し。ずぶの素人が独立したのと一緒でし

右　自家製粉・つなぎなしの並そばや田舎そばはもちろん、うどん、冷やむぎ、きしめんまですべて手打ち。夏蜜柑切りやペパーミント切りといった季節の変わりそばも。
上　鍋肌を使って、かく。かく。そうして最後に火を強くすれば、きれいにはがれるそうだ。そばがきは店が空いている時に頼むのがいい。

たよ」

　そばがきひとつとってもそれは同じ。修業先で見ていた、かきの甘い、なめらかでないそばがきが食べ残されて返ってきていた光景。「じゃあ、残されないぐらいおいしいの作ってやろう」と試行錯誤を繰り返し、ようやく今のやり方にたどり着いた。

「おいしくなるかと思って、あんこに水あめとか生クリームを入れたこともあったけど、今は砂糖と塩だけ。そば粉とお湯は1対2。前はもっとそば粉が多くて、固くて量も多かった。連続して注文が入ると、ガスの火にあたって、手に水ぶくれができちゃって……」

　どうやらとても労力のかかる代物のようだ。実際に、そばがきを作っているところを見せてもらう。小さな鍋に、そば粉とお湯を合わせ、火にかけながら菜箸をグーでにぎって、ひたすらかいていく。

「新そばの時期になると、これが黄緑っぽくなってくるんです。作ってるとすぐわかる。もちろん、風味も増しますよ」

　そばがきに使うそば粉は、もりそばと同じ、茨城県桜川市の農家から取り寄せたそばの実を自家製粉したものだ。新そばの話が出たので、この9月に今年の新そばをさっそく食べたことを明かすと、

「北海道の新そばはそれぐらいの時期に出るんですけどね、うちは茨城で10月下旬に刈

り取ったのが届いてから打ち始めるから、新そばが出るのは11月中旬です」

小野寺さん、それは小豆の新物が出回る時期ではないですか。店では北海道大納言を使っているそうだが、新そばと新豆のハーモニー、来年はぜひ味わいたいものだ。

以上、口直しにそば屋さんの話をしようかと思ったが、結局あんこの話になってしまった。失礼。

盛岡市民のソウルあんこ。
福田パンのあんバター

（盛岡市・長田町）

注文を受けてから竹のへらでコッペパンにクリームを塗っていく。塗る人の好みによって量が多少変わってしまうとか。この日はクリーム塗って30年のベテラン従業員さんがフル稼働。過去にはこの道40年のおばあちゃんもおられて、再雇用をお願いしたら「そろそろやめさせてください」と言われてしまったそうだ。

抹茶あん
チーズクリーム
りんごジャム
マーマレード
ビターチョコ
160円
アーモンド
ホイップクリーム
モカクリーム
アプリコットジャム
165円
ザ★ピーナッツ2
粒入りピーナツ
黒豆きなこクリーム
粒入りごまクリーム
ブルーベリージャム
スイートポテト
クッキー＆バニラ
クッキー＆ストロベリー
クッキー＆コーヒー
ご注文
パンは生ものですの
めにお召し上り下さい
126円
メロンパン

「観光ですか」

盛岡市、材木町。宮沢賢治の著作『注文の多い料理店』を出版した「光原社」のそばにある、「酒買地蔵」の案内板を読んでいたら、お堂を掃除していたおじさんに声をかけられた。

「福田パンに行かれる！　そうですか。あそこのパンはね、ぼそぼそじゃなく、モキモキしとるんです。あのふくらしの原理は(宮沢)賢治が教えたんですよ。あんバターは欠かさないでくださいね」

大通りに出ればじきにフランス風の建物が見えます、とそのモキモキおじさんが教えてくれたので徒歩で向かう。しばらくすると、フランス風……ではないと思ったが、確かにすぐ建物が見えてきた。入口の看板で、ひげのおじさんがオッケー！　とサインを出している。

まろやかチョコレート、ザ★ピーナツ2、チキンミート、トンカツ、れんこんしめじ……。すごい。多種多様な「おしながき」の札を見上げ、しばし棒立ち。まだ朝だというのに店内には老若男女の列。どれどれ。甘いクリーム系が約30種、おかず系が約20種。コッペパン1つにつき、1種ないしは2種を選んで自己申告か。なるほど。

列に並ぶと、カウンターの向こうに色とりどりのクリームが入った箱がずらりと並んでいるのが見える。まるでサーティワンだ。その様子に見惚れていると、青いエプロンをした女性が、コッペパンにクリームを塗るへらを忙しく動かしながら、何にしましょうっ、と元気よく訊いてくれた。

「あ、あんバターと野菜サンド」

焦って前に並んでいたおばさんの注文を真似てしまった。でも、モキモキおじさんも「あんバター」は欠かすなと言っていたから、ちょうどよかった。ちなみに「野菜サンド」はここ本店のみのメニューだ（追記／現在は矢巾店でも販売）。

目の前で、私のあんことバターがコッペパンのふちぎりぎりまで塗られていく。手つきは素早くも丁寧だ。レジで景気よくふくらんだビニール袋を受け取り、店内の簡易テーブルに着席していよいよご対面。いやあ、でかい！　このボリューム、もはやちょっとした枕だ。食べる前からふかふかなのがわかる。両手で持ってありったけの大口でほおばると、パンとこしあんとまろやかな油脂のコンビネーションに溶けそうになった。

「宮沢賢治がパンのふくらしの原理を……？　あ、それはちょっと違うかもしれません。正しくは、私のじいさんが花巻農学校（現・花巻農業高校）の生徒で、賢治の教え子だったんです」

モキモキおじさんからの受け売りを得意げに［福田パン］3代目の福田潔（きよし）専務（現在は代表取締役）に伝えると、あっさり訂正されてしまった。

「金がなく大学に行けなかったので、賢治の紹介で盛岡高等農林学校（現・岩手大学農学

上　校舎みたいな外観が目印。ひげのおじさんのマークは、初代が進駐軍のパン工場長をしていた時に指導を受けたカナダ人のパン屋さんから譲り受けたもの。
左　永遠のロングセラー「あんバター」。基本はパンの下側にあんこ、上側にバターだが、お客さんの中には塗る面を指定してくるコダワリ派もいるとか。

09.11.15 J05
賞味期限(開封前)
小岩井
宅配牛乳
種類別 牛乳
[生乳100%使用]
KOIWAI MILK
成分無調整
要冷蔵 10℃以下
200ml

部）の教授の手伝いに行き、そこで発酵について学んだようです。その後、京都のイーストメーカーに就職し、盛岡に戻ってパン屋を興しました」

昭和23年（1948）の創業時点では食パンを使っていたが、その後、岩手大学の売店でパンを販売することになり、大きくて安くてお腹いっぱいになる学生用のコッペパンを開発。ある日、福田さんのお母さんが注文を間違えてあんことバターを一緒に塗ったものを後で食べたら意外やおいしかった、というのが「あんバター」の誕生ストーリーだ。

「あんバターはダントツで人気ですね。万が一切れてはいけないので、こしあんは保険で2つの製あん所さんに頼んでいます」

あんこに保険という単語が出てくるとは思わなかった。それもそのはず、盛岡市内の学校やスーパーに卸す袋詰めパンを含めると、焼くコッペパンの数は毎日1万個、そのうちの実に2000個以上が「あんバター」だそうだ。

盛岡市民はとにかく［福田パン］が好きだ。平成20年（2008）5月にバターの価格高騰で「あんバター」が「あんマーガリン」になった時は、地元のテレビ、新聞がヘッドラインニュースとして取り上げた（約1年後に復活した時も）。取材に行く前夜にお酒の席で一緒になった男性からは、コンビーフのダブル、もしくは具のトリプルは可能なのかを聞いてほしいとリクエストされた（残念ながらいずれもできないそうです）。モキモキおじさんだって、クリームの数についてはかなり正確に把握していた。

「モリオカ　ソウルフード」。600枚が即完売したという店のエコバッグには、そんな文句が刷られている。先述のコンビーフ氏は「福田パンはソウルフードではなくジャンクフード」と愛をこめて言っていたが、ソウルフードというものはたいていジャンクであるものだ。そしてあんこはいつもソウルフードのそばにある。地元の高校生もマクドナルドならぬ「福ドナルド」と呼ぶという。

旅先では、その土地の人が腹いっぱい食べたい、と思っているものを食べてみたい。盛岡から帰ってきた後、「福田パン」に行ってきたよ、と誰かにわかってほしくて、エコバッグのおじさんマークを表にしてウロウロしてみたが、誰も声をかけてくれなかった。

右　目の前でクリームを塗ってくれるのは長田町の本店のみ。売れる個数は1日平均700個、週末で1,400個というから恐れ入る。クリームは関東や関西のフィリングメーカーの展示会で吟味している。
上　夫婦、家族連れ、トラック運転手さん風、男子2人組などお客さんの顔は様々。そしてもれなく笑顔だ。

手もみの枝豆あん。
村上屋餅店のづんだ餅
（仙台市・北目町）

「うちは枝豆の薄皮をぜんぶ手でもんでむいてますから。冬は手が冷たくて女性たちがブーブー言ってますけども」

取材のお願いで電話をかけると、［村上屋餅店］4代目の村上康雄（むらかみやすお）さんは開口一番、そう言った。手でもんでむく。女性たちがブーブー。すぐにでも仙台へ飛び、三角巾をして枝豆をもみつつ女性たちとブーブー言ってみたくなった。

JR仙台駅を出て、北目町通を真っすぐ西へ。その突き当たりを左に曲がると、どうだ！　と胸を張っているような「餅」の一文字。「づんだ餅」と白く染め抜かれた、のれんの枝豆色がまぶしい。

［村上屋餅店］は、仙台藩・伊達家の御用菓子司に始まり、明治10年（1877）から米と餅を商い始めた餅菓子店。大正時代、3代目の村上精次郎氏が、それまで家庭の味だった「づんだ餅」を仙台で初めて商品として売り始めた。

「づんだというのは本来、餅屋が作るもんなんですよ。餅がおいしくないとダメなのに、菓子匠なんかでは白玉粉つかってみたりさ。づんだのたれは、餅を食べるための道具なのにね」

忙しい配達の合間を縫って康雄さんが教えてくれた。じゃあ、ひょっとして、いましがた仙台駅のおみやげコーナーで見た「ずんだ」とこちらの「づんだ」は、餅屋かそうでないかで仮名遣いが分かれているってことですか？

「いや、仙台は昔から〝づんだ〟だよ。枝豆は若い大豆だからその豆からきてるとか、豆を打って作るから豆打が訛ったとか言われてる。昔からやってる餅屋は〝づ〟、最近の店は〝ず〟が多いね」

づ／ず問題も知らなかったが、恥ずかしながら枝豆が未成熟の大豆であることを知らなかった。昔はづんだ餅は枝豆の出始め、夏の手前から秋までの食べ物で、［村上屋餅店］でもかつては季節ものとして出していたそうだ。

そういえば、このお店を初めて訪れたのは夏真っ盛り、8月5日だった。仙台七夕まつりを明日に控えて、駅や街にキッチュな色合いの巨大なくす玉のような七夕飾りが揺れていたから、日付までよく覚えている。その時、何軒かのづんだ餅やづんだ団子を食べてみたが、［村上屋餅店］のづんだが一番色がきれいだった。

「だからそれがね、枝豆の薄皮をとるかとらないかで変わってくるわけです。うちは手でこうやって枝豆をもんで、薄皮をとってる。手でやればつるっときれいにむけるけど、機械だと刻みこまれちゃう。そうなると色も味も悪いし、足も早くなって、砂糖でごま

上　甘さやさしく、塩加減よし。半搗きの枝豆にかすかなミルク風味を感じる「づんだ餅」。本文でも登場のセンセイ曰く、昔は昼ごはんとしても食べた。次来た時はぜんざい（餅にあんこをぶっかけたもの）の「つぶし」と「通し」も食べてみたい。
左　「餅」に自信あり。白壁にどっかと居座る字が物語る。[村上屋餅店] のように、その場で餅を食べさせる餅屋さんは、仙台市内に約20軒もあるという。

餅
村上屋
名物
づんだ餅
村上屋
村上屋

かすことになる。うちのは甘くないけど、そんなすぐに悪くならないよ」

そう話しながら、康雄さんがつるっと薄皮がむけるところを見せてくれた。ギュッ、ギュッと両手で豆をもむ。黄色みがかった皮がはずれた枝豆のきれいなこと。これをボウルに入れて水を張ると、皮だけが浮く。皮をのぞいたら、今度は大きなすり鉢ですっていく。

「ほら見て、砂糖入れるよ。色が鮮やかになって香りが出てくる」

あっ。これこれ、この色です。乳白色のなんともいえない黄緑色。

青っぽい匂いが、すりこぎが動くたび、ふわっふわっと広がる。

「これに塩を入れてルウの完成。あとは注文を受けてから水で溶く。やわめにね」

康雄さんがづんだの素をカレーのようにルウと呼ぶのが面白い。

と、その時。

「撮影？」

すぐそばにある東北大学のセンセイだという男性が話しかけてきた。この店の餅の大ファンらしい。

「僕は、正月はここの餅って決めてるから。ここのは本当に素直な味。防腐剤の入った餅ってね、コーヒーと一緒に食べると反応してエグく感じるの。ヨーロッパにもここの餅のファンいるんですよ」

お盆に帰ったらまたお宅の餅食わなきゃ。なくなってもらっちゃ困る！　と言って帰っていかれた。

「うちの餅はミヤコガネの無洗米１００％だからね。水分はひとつも入れてないよ。だから固くもなるし、カビも出る。これがほんとの餅」

センセイ大絶讃の切り餅を買って帰り、お鍋に入れてみた。確かに餅の味がまろやかで濃い。コシというよりノビのある餅。きめが細かくとろけるような食感だった。

ところで取材の日、店の女性たちは全然ブーブー言ってなかった。聞けば、朝にひと仕事終えたとのこと。途中、ほっぺの赤い女の子がアルバイトの面接に来ていて、手荒れは大丈夫？　枝豆の作業もあるよ。お菓子は〝手〟だから。そう康雄さんに質されてコクッとうなずいていた。今頃あの子もブーブー言ってるのだろうか。

J・Jも愛した
縁日の味。

中里のぶどう餅

（東京都・駒込）

説明放棄の麩饅頭。

大口屋の餡麩三喜羅

（江南市・布袋）

中里のぶどう餅

甘じょっぱい「揚最中」を一度食べてみたくて、ここ［中里］を訪れた時、そのネーミングに思わず惹かれて一緒に買った「ぶどう餅」。店のお姉さんが「丸めたこしあんに小麦粉と片栗粉の衣をまぶして蒸した昔のお菓子です。東京でも、もううちぐらいしかないみたいです」と教えてくれた。濃い煎茶に合う、ほくほくとしたあんこのデンプン質を純粋に楽しめる素朴なお菓子だ。調べてみたら、植草甚一も「水天宮の縁日でよく買った」（『作家のおやつ』平凡社）とあった。

その水天宮がある日本橋で明治時代に創業、大正時代に駒込に移った［中里］は、もとは瓦煎餅などの乾きものを作っていたお菓子屋さん。3代目考案の「揚最中」「南蛮焼」が看板だが、「ぶどう餅」はオリジナルではなく、昔、屋台で引き売りされていた東京の庶民菓子だそうだ。箱の中のつまようじもその名残。

「歌舞伎座で販売していた昭和33年（1958）頃には少なくとも店で作っていたようです。4代目の中村雀右衛門さんがぶどう餅好きで、うちのも召し上がっていただいてました」

ご主人の鈴木俊さんの記憶では、浅草の仲見世にある小玩具の店［助六］で、ミニチュア屋台のお盆にぶどう餅らしきものがのっていたそうだ。それを見てみたくて［助六］に尋ねてみたが、もう店にはなかった。

大口屋の餡麩三喜羅

「麩饅頭なんですけど、麩饅頭じゃないんです。京都のとは違う。めちゃくちゃおいしいですよ。でも説明できない……とりあえず買ってきます」

本書の担当編集者の出身地である愛知県に「アンプサンキラ」なるお菓子があるという。おいしいと強調する割にあっさり説明を放棄されたそのお菓子は、確かにおいしく、説明し難いものだった。

その姿、まるでモッツァレラ・チーズ。手に持つやわらかさは危ういほど。生地は薄いくせにモチモチで、なめらかなこしあんと何の段差もなく喉を過ぎていく。

このお菓子は、江戸時代後期創業の「大口屋（おおぐちや）」の6代目社長・伊藤文仁（ふみひと）さんが考案した。京都の生麩饅頭を食べた時、おいしいがお菓子というより料理だなと感じ（京都では生麩饅頭は麩屋さんが作るもので、確かに生麩は精進料理の一種）、「口幅ったいですが皮とあんこのさらなる一体感を求めて」、昭和48年（1973）に生まれた。自家製のこしあんを包むモチモチの生地は「生麩と材料は一緒、でも製法が違う」もの。独特の香りの山帰来（さんきらい）の葉は一枚一枚ハサミで形を整える。

アンプとは「餡麩」。生麩饅頭とは異なるお菓子、との思いでつけられた。説明放棄されたかに思えた彼女の冒頭の口上は、意外に的を射たものだった。

冷たくて旨い、冷たいのに旨い。

菓亭わかつきのあずきキャンデー

（富士市・本市場）

冬とこたつと水羊羹。

えがわの水羊かん

（福井市・照手）

菓亭わかつきのあずきキャンデー

中曽根康弘元総理も好物だという［菓亭わかつき］の「あずきキャンデー」を知ったのは、とある猛暑の夏。たとえばアイスがのったあんみつなどは、冷たさで舌が麻痺して豆の風味がわからなくなるが、これは小豆ぎっしり、最後のひと口まで豆々しい。

「冷たいものは砂糖の甘さが薄まって、味が弱まる。その分、あんこに小豆のどぎつさ・をグワン！　と出すんス」

若月正章（わかつきまさあき）さんの「あんこ語録」は独特だ。製あん所の3代目を継ぐにあたり、あんこ屋の作るあんこを知ってもらおうと、あんこ菓子専門店を開店した。

「僕はね、北海道小豆の小粒の方が旨みがあると思うんス。あんこという集合体にした時に1000粒より1200粒入ってた方が、旨みが増すでしょ」

だから大粒・小粒の小豆を混ぜて炊くと聞き驚いた。煮えむらが出るはずだ。

「普通はね。でも出ないように作ります」

そういえば店のパンフに気になる写真があった。釜に聴診器を当てる若月さん。

「あんが炊き上がる音を聴いてるんス。釜のそばで聴いてたら耳ヤケドしちゃって。診てくれた先生が聴診器くれたんス」

ヤケドするほどアツイ男の一粒入魂・「あずきキャンデー」は、冷たくて旨い。冷たいのに旨い。そしてアツイから旨い。

えがわの水羊かん

「こたつの上には2つのカンがなくちゃ。何かわかる？　ミカンと水羊羹」

うまい！　ちなみに私の名前もカンです。そう切り返すと、「えがわ」の2代目・江川正典（えがわまさのり）さんは嬉しそうに驚いてくれた。

沿道に雪かきした塊が残る、12月下旬。「えがわ」が一年で一番忙しい時期だ。福井では冬に水羊羹を食べる習慣がある。そう聞いて取材にやってきたのだ。

「なぜ福井では冬に水羊羹を食べるのか、みんな当たり前すぎて理由を考えもせんかった。大衆的なお菓子やで、いつなぜ生まれたのか文献的に何もないんです」

冬に水羊羹を売る店は県内に多くあるが(市内で約50軒)、水羊羹一本なのは「えがわ」だけ。地方発送を始めたのもここが最初だ。販売は11月から3月のみ。B5サイズの「水羊かん」は、プリッと固めに寒天を利かせた黒糖ズキにはたまらない味。みずみずしい食べ口、付属のへらですくう楽しさに何度も冷蔵庫を開けてしまう。本来は家庭で作るもので、冷蔵庫のない時代は、弁当箱に流して外で冷やす、そんな光景も見られたらしい。

帰りに寄った駅前の百貨店で水羊羹フェアをやっていたので見ていたら、隣のご婦人が「次はどの水羊羹を買えばいいと思う」と相談を持ちかけてきたので、電車に乗り遅れそうになってしまった。

儚く崩れる小豆のトリュフ。

唐土庵いさみやのもろこしあん

（仙北市・角館）

「もろこし」に出合ったのは、本書にも登場する［河藤］でのこと。語感からしてトウモロコシ粉の干菓子かと思いきや、「炒り小豆の粉を固めて焼き目を入れた、らくがんみたいな秋田のお菓子」という。

いざ、現地へ。角館（かくのだて）町のもろこし専門店［唐土庵（もろこしあん）いさみや］へ着くと、社長室長の佐藤憲嗣（のりつぐ）さんが出迎えてくれた。

「もろこしは、秋田の和菓子屋さんなら大抵作っている伝統の打菓子です。でも固くて甘いので、うちは乾燥と焼きを入れない〝生もろこし〟を作っています」

中でも「もろこしあん」がおいしい。小豆の芯を挽いた最上粉を固めた生もろこしの香りを、中の粒あんが引き立てる。チョコでガナッシュを包んだのがトリュフなら、これは小豆のトリュフだ。

伝統的なもろこしも見てみたい、と伝えると、佐藤さんが１００年以上続く和菓子店［後藤福進堂（ごとうふくしんどう）］へ連れてくださった。山菜をかたどった「思ひ出諸越（もろこし）」（追記／現在は製造終了）が愛らしい。昔は一斗缶に炭火をおこし、もろこしをのせた金網を手でじわじわ動かして焼きを入れたそうだ。ご主人の後藤福男さん曰く、もろこしは「かっぱえびせんみたいにやめられない」。まもなく引退される初老のご主人から飛び出た可愛い台詞に、畏れながら続きたくなった。あんこの旅も同じです。もうやめられない、とまらない。

あんこの栞

あんこをめぐる長い旅も、まもなく終わり。

旅といえば、あんこはそもそも、いつどこからやって来たのだろう？

最後は、あんこが歩んできた、そのはるかに長い旅路を、小さな栞にまとめて締めくくってみよう。

あんこの起源は羊肉スープと肉饅頭

「あんこ」とは、いわゆる「餡」のこと。本来、「餡」とは、米や麦で作った食物に穴をあけて、その中に詰めるもの全般を指す。つまり、肉でも野菜でも、穴を満たす具はすべて「餡」だ。

その餡が、日本でいつ小豆で作るものになったのか、正確なことはわかっていない。そんな中、今のところ通説とされているのが、「鎌倉時代、宋から帰った禅僧たちが伝えた点心がルーツ」というものだ。「点心」は「てんしん」ではなく、「てんじん」と読む。意味は現在と同じ、食事と食事の間に食べる軽食および習慣のこと。当時は1日2食の時代だから、この「おやつ感覚」はちょっとした衝撃だったろう。そして、この頃に伝えられた数々の点心の中に、あんこが生まれるきっかけとなる羊羹と饅頭があった。

羊羹の「羹」は、訓読みで「あつもの」と読み、中国では、とろみのある汁物を指す。つまり羊羹は、羊肉のスープのこと。これを中国で見たり聞いたり(たぶん食べたり)した日本の禅僧たちは、帰国後、禅宗＝肉食禁止の手前、小豆・米・小麦などを粉にし、羊の肉っぽく成形して蒸した後、汁をかけて食べた。いわゆる精進の「もどき料理」だ。

その後、長い間、料理として食べられるうち、徐々に汁がなくなり、今でいう蒸羊羹のようなものに変わっていく。室町時代に書かれた書物『點心喰様』には、その作り方が載っており、「小豆を煮て皮を取ったもの」に葛粉と砂糖を入れて蒸し上げる、とあるそうだ。「小豆を煮て皮を取ったもの」は今でいう、こしあんの原型（「呉」と呼ばれる）だから、室町時代にはすでに「こしあん風のもの」があったと考えていいだろう。

翻って、饅頭。饅頭が日本に伝わったのは、仁治2年（1241）、宋から帰国した禅僧・聖一国師が、親切にしてもらった福岡近郊の茶店の主人に、現地で学んだ饅頭の製法を伝授したのが最初といわれる。伝来当初の饅頭については不明な点が多いらしいが、当時の中国の饅頭も、おもに肉を餡としたものだったから、羊羹同様、肉の代わりに小豆などを使って工夫したことは想像に難くない。

また、饅頭の伝来には、室町時代に伝わったとする「林浄因説」もある。貞和5年（1349）、禅僧・龍山徳見について元から渡ってきた俗弟子・林浄因が、肉食が許されない師匠のために、甘葛（ツタの樹液を煮詰めた古代の甘味料）で甘みをつけた小豆を、饅頭の皮に詰めたというもの。こっちの方が、いかにも「あんこ誕生！」という感じがして、あんこ好きのハートにはグッとくる。

いずれにせよ、鎌倉時代以降の禅僧たちが「肉っぽいかも」と小豆を使い出したのが、あんこの始まりだと想像できそうだ。

それが砂糖入りの「甘いあんこ」となって、庶民の口に入るまでには、はるか下って江戸時代まで待つことになる。

日本で最初に小豆と砂糖を炊いた男？

「あんこのルーツ通説版」をお届けしたところで、今度は「初耳バージョン」を。

京都は嵯峨野。渡月橋から見える小倉山のふもとに、二尊院という寺がある。その境内に立つ「小倉餡発祥之地」という碑によれば、日本で初めて小豆と砂糖を一緒に炊いたのは、「小倉の里」と呼ばれたこのあたりに住む、和三郎なる菓子職人だったらしい。大同4年（809）、空海が唐から持ち帰った小豆の種を和三郎が栽培し、弘仁11年（820）頃、その小豆と御所から賜った砂糖を煮詰め、御所に献上した。それが、日本で最初の「甘いあん」であり、つぶした小豆も粒のままの小豆も混在した、いわゆる「小倉あん」の始まりだという。

ただ、この和三郎、同じく空海から煎餅の作り方を伝授された人物として紹介されることも多いのだが、食生活史家の鈴木晋一さんが著書『たべもの史話』（小学館ライブラリー）で「歴史的事実はない」と反論していたりして、多少レジェンド化されている可能性もある。毎年3月、二尊院で開かれている「小倉あん発祥地顕彰式」（地元栽培の小豆で作った小倉ぜんざいが振る舞われる）でもらった案内には、和三郎を祀った神社の存在も「只古老の伝承として伝わってきた」とあるので、真相はわからない。でも、当時の御所にいた嵯峨天皇は空海と親交が厚く、この地を深く愛したことでも知られているから、もし事実であれば、京都は1200年もの間、あんこのノウハウを蓄積し続けてきたことになる。

なお、小倉あんの由来については、小豆の粒が鹿の背中の模様に似ていることから、鹿といえば

二尊院の石碑
（京都市・嵯峨野）

紅葉、紅葉といえば京都の小倉山という連想からその名がついたという説や、丹波国（現・京都府亀岡市あたり）の亀山城城主だった明智光秀が、近郊でとれる丹波大納言「馬路大納言」を煮て塩で食べるのをことのほか愛でたため、この地の並びにある小倉山にちなんで茹で小豆を「小倉」と呼んだ説などもある。

縄文人が食べていた「ごった煮」説

兵庫県姫路市に本社を構える回転焼きの「御座候」が、平成21年（2009）にオープンした「あずきミュージアム」でも、あんこの起源と解釈できそうな縄文人の小豆の食べ方が紹介されていた。

日本では小豆は約6000年前の縄文時代から利用されたといわれており、その頃の食べ方はおもに〝ごた煮（ごった煮）〟だったと想像されている。小豆をお粥に混ぜたものが、小豆粥、小豆飯、赤飯となり、そして野菜類と煮込むいとこ煮や小豆雑煮となる。そこに甘葛を使ったぜんざい、しるこの原型ができ、砂糖利用が始まってからは、小豆あんを作ってぼた餅の原型を作り出していったと考えられる、としている。

ところであんこという呼び名ですが

「あんこ」の「こ」とは何なのか。広辞苑には「餡こ」、ウィキペディアでは「餡子」と表記されているが、由来は説明されていない。ある製あん所の社長は「さらしあんが小豆の粉みたいだから

〝餡粉〟じゃないか」と推理していた。ちなみに韓国語で「中の物」を直訳すると「안것（アンコッ）」となるらしいが、何か関係はあるのだろうか。ご存じの方、ぜひご一報を。

暴れん坊将軍なくしてあんこなし

さて、あんこについて語る時、この人を忘れてはいけない。我らが暴れん坊将軍こと8代将軍・徳川吉宗。享保の改革で、財布のヒモを締めすぎて「野暮将軍」なんてニックネームをつけられてしまった吉宗だが、一方では「砂糖の国産化」という大仕事を成し遂げ、江戸の庶民に甘いあんこをもたらした、愛すべきシュガーボーイなのだ。

紀元前5世紀頃には、インドに存在していたといわれる砂糖は、気の遠くなるような時間を経て、奈良時代に唐から渡ってきた鑑真により、日本に伝えられたとされる（正確には、失敗に終わった航海時の持参品リストに黒砂糖やサトウキビがあった）。しかし当初は薬用扱いの珍重品。以後、約１０００年にわたり、日本は海外からの輸入に頼ることになる。

日本で砂糖がオランダ、中国から大々的に輸入され始めるのは、鎖国体制下の17世紀初め。金平糖（こんぺいとう）や有平糖（あるへいとう）が茶会にも登場する頃だ。当時、日本の砂糖の輸入量は、ハンパなく多かった（イギリスの輸入量の約15〜20倍）上に、ハンパない高値で買っていた。ポルトガル商人が、中国の砂糖で仕入れ値の2〜4倍、マカオの白砂糖で仕入れ値の10〜20倍の値段をつけても売れたという。当時のヨーロッパでもこのことは有名で、あのモンテスキューが著作『法の精神』で、「日本は尋常でない高値で砂糖を買っている」と書いているほどだ。

そうこうするうち、資金源である国産の銀が底をつき、寛文8年（1668）、幕府は銀の輸出を禁止。「砂糖はほしいがこのままじゃイカン」と砂糖の国産化に腰を上げたのが、徳川吉宗なのである。幕府の奨励のもと、平賀源内はじめ、各地の本草学者や医師などがサトウキビ栽培と、和製砂糖の製品化に奔走（一番の快挙は、和三盆糖の誕生）。それにより、輸入砂糖、琉球・奄美の黒砂糖、和製砂糖で潤い、江戸時代後期には、菓子文化の発達と共に、甘いあんこが庶民に爆発的に広まった。

自身もかなりの倹約家だったといわれる吉宗。が、文献によれば、先例を破って外様大名からの献上菓子に手をつけたり（毒殺の危険があるため将軍は普通食べない）、紀伊藩主時代の参勤交代で覚えた駿河の安倍川餅が忘れられず、臣下が毎年、駿河の餅米を取り寄せて献上した、なんてエピソードも。暴れん坊、実は甘党？　だとすれば、砂糖の国産化にも思わず力が入ったことだろう。

『守貞漫稿』風？　あんこ東西問題

肉じゃがの肉が豚だの牛だの、うどんのだしの色が濃いだの薄いだの、互いの食文化の違いを言い合って、驚いたり揶揄したりするのは、いつの時代も飽きず楽しいもの。特に、関東と関西においては、違いが顕著なだけに面白い。

どうやらそれは江戸時代でも同じだったようで、31歳で大坂から江戸に行った喜田川守貞（きたがわもりさだ）は、『守貞漫稿（もりさだまんこう）』という見聞録で、江戸と京坂（京都＆大坂）の政治経済、ファッションから食べ物まで、あらゆるものを好奇心いっぱいに比べている。もちろん、あんこ関係も。ここでは、守貞も目をつけた「しるこ／ぜんざい」問題を皮切りに、気になる東西の違いを書き留めてみよう。

●しるこ／ぜんざい……東京と京都のたぬきうどん並みにややこしい、「しるこ／ぜんざい」問題。一休禅師が大徳寺の住職から餅入り小豆汁を振る舞われ「善哉此汁（よきかなこのしる）」と言ったのが最初という説や、出雲地方の「神在餅（じんざいもち）」が訛ったという説があるぜんざいと、江戸時代、江戸の盛り場のファストフードとしてかつぎ売りが大流行したしるこは、「粒あんかこしあんか」「汁気があるかないか」で東西で呼び名が変わる。ざっとこんな感じだ。

こしあん＋汁気なし＝関東の「ぜんざい」
こしあん＋汁気あり＝関西の「しるこ」
粒あん＋汁気なし＝関西の「亀山」
粒あん＋汁気あり＝関東の「しるこ」
関西の「ぜんざい」

正直、いろいろな説がありすぎて整理するだけでもくじけそうになる「しるこ／ぜんざい」問題だが、とりあえず、

梅園の粟ぜんざい
（東京都・浅草）

下河原阿月の亀山
（京都市・祇園／現在は閉店）

茶寮 宝泉の
丹波大納言ぜんざい
（京都市・下鴨）

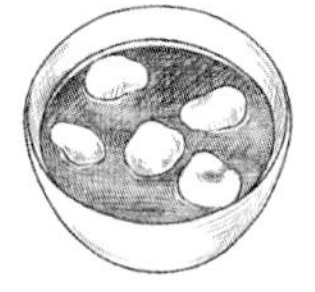
中村軒のおしるこ
（京都市・桂）

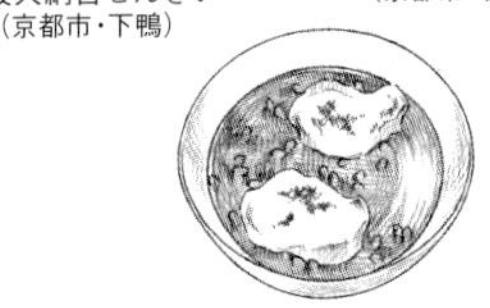
紀の善の田舎しるこ
（東京都・神楽坂）

これがスタンダードなものだと思っていいだろう。

●**こなし／練り切り**……上生菓子屋さんでよく混乱する「こなし」と「練り切り」。製法も違うが、実は東西の棲み分けもある。

「こなし」は、関西の上生菓子でよく用いられる生地で、もっちりとした歯ごたえが特徴。京都が発祥ともいわれている。こしあん＋小麦粉＋砂糖を混ぜ、蒸してから練り上げる。

「練り切り」は、関東の上生菓子でよく用いられる生地で、ねっとりとしたきめ細かな舌触り。こしあん＋餅＋砂糖で練り上げる（蒸さない）。京都の上生菓子にもよく使われるが、関東とは材料が異なり、こしあん＋つくね芋＋砂糖を使う。

●**三笠／どら焼き**……「三笠」は、関西でのどら焼きの呼び名。奈良県の三笠山の姿あるいは山に出た満月に似ていることから。東京は「うさぎや」（個人的には日本橋が好み）の「どらやき」や「亀十」の「どら焼」、京都では「下河原阿月」（追記／現在は閉店）の「みかさ」が絶品。

●**今川焼き／回転焼き／大判焼き**……小麦粉と砂糖の生地であんこを包んで焼いたあの太鼓形のお菓子自体は、江戸時代、江戸・神田の今川橋付近の屋台で売られた「今川焼き」が始まりなので、関東では「今川焼き」が主流。関西は「回転焼き」「大判焼き」などと呼ぶが諸説あり。愛媛・松山の「日切焼」や前出の兵庫・姫路「御座候」は商品名。

●**うば玉／あんこ玉**……おもに京都で見かける「うば玉」は、「亀屋良長」の「烏羽玉」をはじめ、黒糖風味のこしあんを小さく丸めたものに寒天をかけ、芥

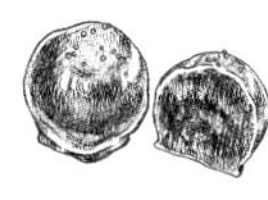
亀屋良長の烏羽玉
（京都市・四条堀川）

元祖植田のあんこ玉
（東京都・荒川）

子の実などをのせたもの。茶花のヒオウギの実「ぬばたま」をかたどったものらしい。

一方、「あんこ玉」は、東京生まれの人が懐かしむ、あんこを丸めた駄菓子の一種だ。昔は分厚い生地で2個つながったものが定番だったらしい。荒川区に工場がある「元祖植田のあんこ玉」は、きなこがまぶしてある。浅草「舟和」の、寒天が艶やかなあんこ玉は和菓子の風情。

●**ぼた餅／おはぎ**……実は東西問題ではなく、どちらも同じあんころごはん。いわれは様々だが、江戸時代、春のお彼岸に咲く牡丹にちなんで丸く大きく作り「牡丹餅」、秋のお彼岸に咲く萩にちなんで小ぶりで長めに作り「萩の花」「お萩」と呼ぶようになったらしい。もとは農家の間食だったボタ米（クズ米）のあんころ餅を、菓子屋が春秋のお彼岸のお供えになるよう美しい呼び名で宣伝したのが始まりなどと言われる。
ちなみに、中の餅米は搗くのではなく米粒が残る程度に突きつぶす（半殺しという）ため、夏は「夜舟」（いつ着いた＝搗いたかわからない）、冬は「北窓」（月知らず＝搗き知らず）といった呼び名もある。「あんたは本当に夜舟に目がないねえ」なんて言ってみたい。

●**あんみつ**……関西のあんみつはたいてい粒あんだが、東京はこしあんが多い。スーパーで売っていた「榮太樓總本鋪」の缶詰あんみつもこしあんだったし、湯島「みつばち」の小倉あんみつは、超濃厚なこしあんがわさびみたいに添えられていた。
また、関西のあんみつは缶詰フルーツが多いが、東京はどの甘味処でも干しあんずがふんだんにのっており、関西の人間にとっては羨ましい限り（神楽坂にはあんず蜜が選べる店もあった）。あんず栽培が盛んな長野県が近いせいだろうか？

●**桜餅**……享保2年（1717）創業、桜餅発祥の店といわれる東京・向島「長命寺桜もち」をはじめ、関東では白か桜色の小麦粉生地であんこをくるむタイプが多い。

一方、天和3年（1683）に［桔梗屋］という京菓子司がすでに桜餅を作っていたともいわれる京都を中心に、関西では白か桜色の道明寺生地であんこを包むのが主流。嵐山［鶴屋寿］の「さ久ら餅」は、真っ白な道明寺。

●**水羊羹**……表参道の［菊家］、本所の［越後屋若狭］など、東京の水羊羹は桜の葉が添えられていて、洒落てるなぁと思った。京都は竹筒流しが多い。［塩芳軒］の、笹の葉を黒文字で留めた水羊羹も美しい。

●**月見団子**……関東は、上新粉の丸い団子。関西は、片方を丸く、片方をとんがらせた餅に、こしあんや粒あんをのせたり、巻いたりしたもの。これは中秋の名月を「芋名月」と呼ぶことから、里芋をかたどってあるらしい。

●**コンビニのあんまん**……東京のセブン-イレブンで買ったあんまんが、真っ黒なごま風味の中華あんで驚いたことがある（［新宿中村屋］のものだった）。関西では、あずきバーで知られる［井村屋］の粒あんまんが主流で、和菓子風の味わい。

その時あんこが動いた。あんこ史の偉人列伝

関ヶ原の戦いや薩長同盟にXデーがあったように、今じゃ当たり前に食べているたい焼きやあんみつにだって、「今日その時」があった――。ここでは、あんこの歴史を語る上で欠かせない「発明」

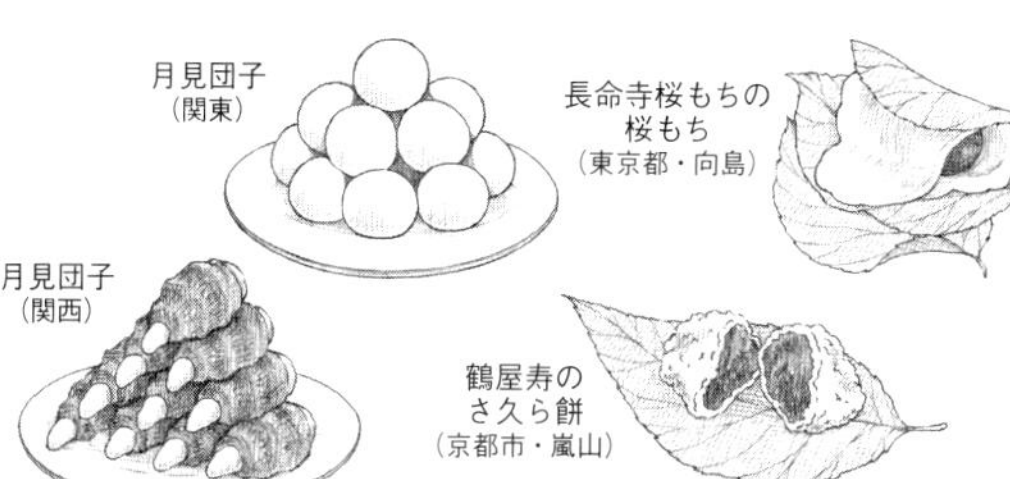

を成し遂げた10人をかけ足で紹介してみよう。日本史、いや世界史のテストに出たっていいんじゃないかぐらいのあんこ史偉人列伝、できれば各々の「発明品」を賞味しながら、お楽しみください。

お玉（おたよ）……江戸の小石川簞笥町に住んでいた貧しい寡婦。大福餅の前身「お多福餅」の考案者。明和8年（1771）の冬、それまでは塩あん入りで大きかった「腹太餅」を小さくし、甘いあんこにして、夜の江戸を売り歩いた。

喜太郎……練羊羹の考案者。寛政年間（1789〜1801）、江戸の日本橋新道に菓子屋を開き、それまで主流だった蒸羊羹ではなく、なめらかな味わいで日持ちもする、寒天を使った練羊羹を発売した。練羊羹の起源については、京都［駿河屋］の岡本善右衛門説もあり。

松平定行……松山藩主。カステラ生地でこしあんを巻いた愛媛名物・タルトの考案者。正保4年（1647）、ポルトガル船が長崎に入港してきた報を受け、海上警備にあたった。その時出合った南蛮菓子のタルトに感動、松山に製法を持ち帰ってジャムをあんこにするよう命じた。

細田安兵衛……東京・日本橋［榮太樓總本舗］の初代。甘納豆の考案者。江戸時代末期、小豆より安価な金時ササゲを蜜煮にして売り出した。

木村安兵衛……東京・銀座［木村屋總本店］初代。あんパンの考案者。芝日蔭町でパン屋を開業、その後、銀座に移って明治7年（1874）、酒種で発酵させたパンにあんこを包んで焼いたものを売り出す。菓子パンの始祖ともいわれる。

伊藤源之助……さらしあん（乾燥あん）の考案者。開拓使によって小豆が盛んに栽培されるようになった北海道では、小豆につく虫や小豆クズの処分に困っていた。ある人が煮て保管する方法を考案、明治17年（1884）頃、それを改善して乾燥あんにした。

●**2代目森半次郎**……東京・銀座［銀座若松］2代目。あんみつの考案者。明治27年（1894）、しるこ屋として創業。自慢の自家製あんを生かそうと、みつ豆にあんこをのせて売り出した。大評判となるも、専売特許にせず、他の甘味処にも広めた。

●**神戸清次郎**……東京・麻布十番［浪花家総本店］初代。たい焼きの考案者。明治42年（1909）、縁起物かつ高級品の鯛を模した焼き型で、1匹1銭の菓子を製造販売した。

●**西脇キミ**……名古屋・栄の現・三越前にあった喫茶店［満つ葉］店主。名古屋名物・小倉トーストの考案者。大正10年（1921）頃、旧制八高（現・名古屋大）の男子学生たちが、バタートーストをぜんざいにくぐらせて食べているのに気づき、あんこをトーストに挟んで供した。

●**谷口喜作**……東京・上野［うさぎや］2代目。それまで、あんこ玉に溶いたうどん粉をつけて焼いていたどら焼きを、今の皮2枚にあんこを挟むスタイルにしたといわれる。

こしあんはいつ「こされた」か

こしあんというのは、不思議な食べ物だ。そのまま炊けば十分おいしい粒あんになるのに、わざわざ小豆の皮を取り去り、大量の水でさらしてアクを捨てる。この恐ろしく手間のかかる人工物をいったい誰が考えたのだろう。

17世紀のフランスに、「プレシューズ」と呼ばれた才女たちがいて、彼女らの間で「かむという品がなく散文的な行為を人目にさらすことなしに食事することを可能にした」ムースが大流行した、という文献を読んだことがある（『プロのためのフランス料理の歴史』学習研究社）。そうだ。きっとこしあんも、公家とか茶人といった、趣味の洗練を競った人々に「咀嚼せずに済むものを」と所望されて職人が腐心して作ったのでは……？　そんな推測のもと、あちこちに訊いてみたのだが、ついに真相はわからなかった（ある裏千家のお茶の先生は「粒あんは、皮が歯にあたるのがいや」とハッキリ言ってたけど）。もっとも、こしあんのことを「御膳あん」ということもあり、高貴な方の召し上がる「御膳」、または「御前」に差し上げるような高級なあんという意味もあるといわれる。

文献をたどってみると、京都で享保3年（1718）に刊行された日本初のお菓子のレシピ本『古今名物御前菓子秘伝抄』に、「小豆の漉粉」を使ったこしあんの作り方が載っているから、少なくとも江戸時代にはあったのだろう。

また、前出の「あんこの起源は羊肉スープと肉饅頭」の項でも触れているが、青木直己さんが著書『図説 和菓子の今昔』（淡交社）で、室町時代に書かれた『點心喰様』に出てくる蒸羊羹の作り方が、途中まで現在のこしあんを作る要領に近いため、羊羹の発展と共にあんこが出来上がっていったと想像する、と書かれているのが興味深い。

「粒あん」と「つぶしあん」はどう違う？

和菓子について書かれた本を読んでいる時、上生菓子屋さんでお菓子を説明される時、たまにこんがらがる、あんこの種類。店、地方、作る人によってその内容は異なるけれど、おおよその分類をまとめてみよう。

【豆の種類での分類】

●**小豆あん**……小豆を使ったあん。

●**白あん**……白小豆（しろあずき）、手亡（てぼう）、大福豆、白金時豆などを使ったあん。

●**その他のあん**……日本の菓子に使われるものとして、うぐいすあん（青えんどう豆）、ずんだあん（枝豆）、芋あん、栗あんなど。中国料理では、緑豆あん、蓮の実あん、ごまあんなど。

【製あん方法での分類】

●**粒あん**……小豆の粒をつぶさぬように煮た後、甘みを加えたもの。粒が大きく皮のやわらかい大納言小豆が向くとされる。

●**つぶしあん**……小豆がつぶれるまで煮て、皮をそのまま残して甘みを加えたもの。

●**こしあん**……生あんに砂糖液を加えて練り上げたもの。皮が厚めだが、風味の強い普通小豆が向くとされる。

●**小倉あん**……こしあんに蜜煮した小豆を混ぜこんだもの。あるいは粒あん、つぶしあんを指すこともある。

【加工段階での分類】

●**生（なま）あん**……煮た小豆から皮を取り去った「呉」を水でさらした後、水分を搾ったもの。

- **練りあん**……生あんに砂糖液を加え、火にかけて練ったあん。
- **さらしあん（乾燥あん）**……生あんを乾燥させたもの。砂糖液で練って戻したり、懐中しるこに使う。

「あんこができるまで」をここでおさらい

ところで、あなたは「あんこができるまで」を正確に説明できるだろうか。

【粒あん】
①小豆を水から茹でる。
②豆にシワが寄ってきたら、差し水をする（びっくり水をする）。
③再度沸騰させ、豆がぷっくりしてきたら、赤い煮汁を捨てる（シブ切りをする）。
④再び小豆を水から茹で、指でつぶせるくらいになるまでやわらかく煮る。
⑤砂糖を加え、粒をつぶさないよう水分を飛ばしながら混ぜる。

【こしあん】
①〜④を行う。
⑤ざるで小豆をつぶし、皮と中身（呉）に分ける。
⑥呉を煮汁ごと裏ごし器でこす。

⑦呉を沈殿させ、上澄みを捨てる。以後、水を注いでは呉を沈殿させ、上澄みを捨てる作業を繰り返す（水さらしをする）。
⑧呉の水分を搾る（生あん）。
⑨生あんに砂糖液を加え、水分を飛ばしつつ練り上げる（火取る）。

え？　そんなの知ってた？　それは失礼。では、「あんこは炊きたてより翌日の方がうまい」というのはご存じだろうか。プロの間ではそれが定石。家であんこを作る場合でも、ひと晩寝かせるだけで、小豆に砂糖がしみこみ、全体もなじんで風味が全然違うそうだ。果報ならぬ、あんこは寝て待て。

意外に知らないあん炊き道具のこと

あんこを炊く作業を、職人さんは「あん炊き」という。一日の仕事の中でも一等ナーバスな現場であるその「あん炊き」に取材で立ち会えた時には、ツヤツヤに炊き上がった小豆や鼻孔をくすぐる甘い香りと同じくらい、道具にも心を奪われたもの。銅のさわり鍋のたっぷりとしたカーブ。小学生の背丈ほどもあるあんかい。小豆色に染まったあんこしざる。美しく見えるのは、あん炊きの工程それぞれの理にきちんとかなった形をしているからだろう。もちろん、家庭で買ったり使ったりするには高価だし本格的すぎるけれど、その「理にかなった部分」を知っておくだけでも、なぜかあんこを作る腕が上達するような気になるから不思議だ。

●**鉄鍋**……小豆を茹でる時にしっかりと湯の対流が起こる、底の深い鍋。鉄鍋はアルミやステンレスの鍋に比べて何倍もの保温性があり、熱しやすく冷めにくいので、皮が固く、長時間同じ温度で炊く必要がある小豆には最適。金属イオンと小豆の色素が結合して、色鮮やかに炊き上がるという利点もあるとか。家庭のものだとホウロウ鍋が近い。

●**さわり鍋**……煮上がった小豆や生あんを炊き上げる時に使う、取っ手のない銅鍋。手入れを怠るとサビがつくが、火にあたった部分だけ熱くなることなく、あんこ全体に均一に熱が伝わるため、焦がすことなくつやが出せる。皿や鉢の形をした古銅器「さはり」に由来する説もあるが、詳細は不明。

●**木じゃくし**……こしあんを作る際にあんこしざるで小豆をつぶしたり、あんを練ったりする時に使う。平らな方が表で、丸みのある方が裏。表は材料をすくったり移動する時に、裏は裏ごしする時などに使う。羊羹などを練る時に使う巨大なものは、エンマとかあんかいと呼ばれる。

●**ゴムべら**……鍋肌にはりついたあんこをすくうのに便利。

●**あんこしざる**……こしあんを作る際、小豆の皮と呉を分ける竹製のざる。小豆をつぶしやすいように内側の竹の削りがとがっている。

●**裏ごし器**……こしあんを作る際、呉を細かくするのに使う。編み目の大きさも様々、馬毛製、ナイロン製、金属製などがある。

製あん所の屋号に「北川」「内藤」が多いワケ

それは、京都の［中村製餡所］で取材している時だった。「知ってますか？　製あん業（あんこを作って菓子店などに卸す仕事）は静岡県が発祥の地らしいですよ」。聞けば、京都の製あん所でも、過半数が、静岡出身、あるいは親戚がいるなど、なんらかの形で静岡にルーツを持っているらしい。

そこで、静岡の［菓亭わかつき］（こちらも元・製あん所）の若月正章さんに現地を案内してもらった。場所は、静岡市清水区興津地区。東日本で一番早くアユ漁が解禁になる興津川の東、承元寺そばの八幡神社前だ。日本製あん業の功労者、北川勇作と内藤幾太郎を讃える石碑がそびえている。

若月さんが伝え聞いているところによれば、この界隈に生まれ育った北川勇作は、大阪の菓子屋に修業に入り、連日あんこを作る仕事に従事したという。そのあまりの仕事のキツさに、「これは商売になるんじゃないか」と一念発起して菓子屋から独立。明治33年（1900）、大阪の日本橋に日本初の製あん所［北川製餡所］を立ち上げる。そんな北川を同郷の内藤幾太郎が援助。内藤自身も製あん所を開業し、成功をおさめる。北川と内藤は二人三脚であん炊きの効率を飛躍的にアップさせる機械を次々に開発。特許を得ながら、後進を指導援助していく。独立した弟子は全国に百数十人に上った。

そんな経緯で、全国の製あん所には「北川製餡所」とか「内藤製餡」といった屋号が多い。毎年2月、石碑のある興津地区では「寒ざくらまつり」が開かれ、静岡県の製餡組合が振る舞いじるこを行ったり、静岡市の商工会が創作あんこメニューのコンテストを催すなどして、日本製あん界の大恩人を労っている。

あんこを書いた作家たち

酒豪に美食家、愛煙家……文豪の性癖にもいろいろあるが、あんこ好きの文豪ほど愛すべき生き物はいない。

文学界きっての羊羹好きといえば、これはもう満場一致で夏目漱石だろう。

菓子皿のなかを見ると、立派な羊羹が並んでいる。余は凡ての菓子のうちで尤も羊羹が好だ。別段食いたくはないが、あの肌合が滑らかに、緻密に、しかも半透明に光線を受ける具合は、どう見ても一個の美術品だ。ことに青味を帯びた煉上げ方は、玉と蠟石の雑種の様で、甚だ見て心持ちがいい。のみならず青磁の皿に盛られた青い煉羊羹は、青磁のなかから今生れた様につやつやして、思わず手を出して撫でて見たくなる。

『草枕』（新潮文庫）

夏目漱石

撫でて見たくなる、とはすごい惚れよう。本人は東京・本郷の［藤むら］という店の羊羹が好きだったそうだ。漱石に英語を学んだ物理学者で随筆家の寺田寅彦は、「夏目漱石先生の追憶」という随筆で、漱石が「草色の羊羹が好きであり、レストーランへ一緒に行くと、青豆のスープはあるかと聞くのが常であった」と書いており、ちゃんと羊羹の羹がスープの意味だと知ってたんだ、と妙なところでリスペクト。それにしても草色の羊羹って何だろう。青豆だから、うぐいす羊羹？

同じ羊羹でも、水羊羹フェチだったのは向田邦子。その名も「水羊羹」と題したエッセイで、評論家を買って出ている。

「水羊羹の命は切口と角であります」
「水羊羹は江戸っ子のお金と同じです。宵越しをさせてはいけません」
「水羊羹と羊羹の区別がつかない男の子には、水羊羹を食べさせてはいけません」

『眠る盃』（講談社）

水羊羹を頂く時のＢＧＭとして挙げている、ミリー・ヴァーノンの『スプリング・イズ・ヒア』も本当に素敵。

同じく、「しるこ」というそのまんまなタイトルで、エッセイを書いたのは芥川龍之介。

震災以来の東京は梅園や松村以外には「しるこ」屋らしい「しるこ」屋は跡を絶つてしまつた。その代りにどこもカツフエだらけである。僕等はもう広小路の「常盤」にあの椀になみなみと盛つた「おきな」を味ふことは出来ない。これは僕等下戸仲間の為には少からぬ損失である。のみならず僕等の東京の為にもやはり少からぬ損失である。

『芥川龍之介全集第十五巻』（岩波書店）

これは、友人で小説家の久保田万太郎が、何かでしるこについて書いていたのを見て、「俺も！」とペンでしるこ対決を挑んだもの。２人は「しるこは食うものか、飲むものか」で討論した仲（何やってんだか)。文中の「おきな」とは、きなこを使った白いしるこだそうだ。うーん、おいしそう。白いしることいえば、池波正太郎の時代小説『鬼平犯科帳』の「犬神の権三」の篇。女密偵おまさが[翁庵]という店で注文する「御膳・白雪しる粉」も架空のメニューながら萌える。

おまさは、入れ込みの座敷へ入り、好物の[御膳・白雪しる粉]というのを注文した。この店へは、女密偵として市中をまわるうち、何度も立ち寄ったことがある。酒が好きなおまさなのだが、ときには、甘いものが食べたくてたまらなくなる、というのは、やはり女だからであろう。

翁庵の白雪しる粉は、白小豆の濾粉と水飴を用いたもので、それに紅白の小さい切餅がこんがりと焼けて入っている。

『鬼平犯科帳　決定版(十)』(文春文庫)

……池波先生、甘味処でも開く気でしょうか。先生には、『散歩のとき何か食べたくなって』(平凡社)でも、東京のしるこ屋さんがたたえるエロチシズムについて教えていただきました。

林芙美子の『放浪記』に出てくる「継続だんご」も、文学界で有名なあんこだろう。新潟県上越市の直江津駅前にある[三野屋(みのや)]の名物で、コイン形に固めた白あんの団子が4つ串にさしてある。

駅のそばで団子を買った。

「この団子の名前は何と言うんですか？」

「ヘエ継続だんごです。」

「継続だんご……団子が続いているからですか？」

海辺の人が、何て厭な名前をつけるんでしょう、継続だんごだなんて……。駅の歪んだ待合所に腰をかけて、白い継続だんごを食べる。あんこをなめていると、あんなにも死ぬ事に明るさを感じていた事が馬鹿らしくなってきた。

『新版 放浪記』（新潮文庫）

なぜか生唾のんでしまう、この場面。「あんこをなめる」という表現がたまらない。死ぬのがなんだか馬鹿らしい――。時としてあんこの甘さは、滑稽なほどの生への執着とシンクロして描かれるのが面白い。

「あんこが過ぎた力士」ってどういう意味？

「あんこ」とは、肉付きがよく、下腹部がでっぷりと太った、力士の理想的な体形を表す相撲用語で、魚のアンコウにたとえたもの（お腹にあんこが入ってるみたいだからではありません）。つまり「あんこが過ぎた」は太りすぎの意味。それに対し、「そっぷ」は筋肉質で痩せ形の力士のことで、スープをとった鶏ガラにたとえている。

ちなみに、都はるみのヒット曲『アンコ椿は恋の花』の「アンコ」は、伊豆大島独特の作業着を着た娘さんのことで、もとは目上の女性に対する敬称の「あねっこ」が訛ったもの。

アンパンマンの中身は粒あん？ こしあん？

本書の制作中、各方面で訊かれた質問。実は『アンパンマン大研究』（やなせたかし／鈴木一義編著・フレーベル館）で、やなせ先生ご本人が回答済み。

「アンパンマンの頭の中のあんこは、おそらく非常に栄養価の高い特別なあんこなのだと思います。つぶあんですが、あんこの素材や成分については、わかっていません。ジャムおじさんだけは知っていますが、どうも偶然できたみたいで、ジャムおじさんにも詳しい成分はわからないようです」。

へえー。あの割れ方を見る限り、てっきりこしあんだと思ってました。全国のベーカリーの皆さん、アンパンマンを焼かれる時はご参考に。

口ぐせは「ショキショキ」、妖怪あずきあらい

川のほとりや橋の下に現れ、「小豆とごうか、人取って食おうか、ショキショキ」などと歌いながら、小豆を洗うような音をたてる、妖怪あずきあらい。その姿は小さな老人とも老婆ともいわれ、正体をつきとめようとしたり、面白がって近づくと川に落とされるという。

この民話、実は小豆の性質をよく表していて、小豆は水を吸う場所（腫瘤［しゅりゅう］）が1カ所しかないため、「ショキショキ」洗っても、大豆のように水を吸ってすぐふやけることがないのだ。

江戸時代に出た『絵本百物語』という怪談絵本に想像図が描かれているほか、三池崇史監督の映

妖怪あずきあらい

画『妖怪大戦争』でナインティナインの岡村隆史が救世主的役回りであずきあらいを演じています。

意外に役立つあんこなことわざ

ことわざって、教訓めいたものが多いけれど、夏のあんこは傷みやすい、とか、小豆は気長に炊くしかない、とか、あんこにまつわることわざには、けっこう役立つ情報が詰まっているんです。さて、あなたはいくつ知っていますか？

- **小豆は無精者に煮らせろ**……おいしいあんこは気長にとことこと炊く以外にコツはない。怠け者が火加減を見ながら煮るくらいがちょうどいい、の意味。
- **ぼた餅の塩の過ぎたのと女の口の過ぎたのとは取り返しがつかぬ**……隠し味である塩を利かせすぎたぼた餅と、おしゃべりな女性は始末が悪い。
- **夏のぼた餅犬も食わぬ**……夏のぼた餅は腐りやすいので食べない方がよい。
- **あんころ餅で尻を叩かれる**……思わぬ幸運が舞いこむこと。棚からぼた餅。
- **餅よりあんが高くつく**……本筋より付随することに思わぬお金がかかること。

鷗外先生の「饅頭茶漬け」に続け

あんこ好きならば一度は試したことがあるだろう。ミスター甘党・森鷗外先生の好物「饅頭茶漬け」。白くて大きい葬式饅頭の4分の1をごはんにのせ、煎茶をかけて食べるというアレ。あんこ嫌い、いや、あんこ好きでもひるんでしまうこの創作デザート、実際やってみれば、のどごしのいいおはぎ、といった感じで、これが存外おいしい(いやほんとに)。御礼に鷗外先生に教えてさしあげたいオツな「あんこアレンジ」を集めてみた。

まず、周りのあんこ好きに訊いて多かったのが、「凍らした後、半解凍で食べる」方法。小豆ういろうを「凍らす」、たい焼きを「凍らす」、炊いたあんこを「凍らしておいて」ミルクとシェイク。

また、「しるこアレンジ」も多かった。日の経った最中をトースターで焼き、湯を注いでしるこに。固くなった大福に湯を注いでぜんざいに。懐中しるこに氷を入れて冷やししるこに。かなりジャンクだが、おしるこにごま油を数滴たらすと中華ごまあん風になる。

ジャンクといえば、トーストにマヨネーズと粒あんをのせて食べる、なんてネタも出てきたが、うーんそれはちょっと……。

アジア各国のあんこもヒントになる。夏なら、韓国の〝氷のピビンパプ〟「パッピンス」。かき氷に、粒あん、アイスクリーム、コーンフレーク、お餅、フルーツ(店によってはプチトマトやスイートコーン)を山盛りのせて、ミルクか練乳をかけ、ひたすら混ぜる。ベトナムのパフェ「チェー」の、煮豆+砕いた氷+ココナッツミルクたっぷりの組み合わせもおいしい。香港のぜんざい「紅豆沙(ホンタウサー)」には、干したミカンの皮や、百合根をたっぷり入れるのが定番だそうだ。

クリームチーズも相性がいい。かの「とらや」が平成15年(2003)まで出していたニューヨーク店

饅頭茶漬け

では、パンに羊羹とクリームチーズを挟んだ「羊羹サンドイッチ」なるものが出されていたそうだ。健康志向のニューヨーカーにウケて、定番商品だったとか。試すなら、レーズンパンがおすすめ。

　また、昔の料理書でセンスのいいあんこメニューが見つかることも。たとえば、文政2年（1819）刊の『精進献立集』に晩秋の献立として出てくる「こしあんじたて　とうきびかんざらしやきぐり　ぎんなん」。唐黍粉の団子・焼栗・銀杏に、葛粉でとろみをつけた砂糖入りのこしあんを添えたもの。椀の中を秋色でまとめたと見えるところがニクイ。こんなメニュー、甘味処にあったら即注文するのに。

小豆はマイナーな豆

小豆は、世界の豆類の中でかなりマイナーな存在だ。おもに栽培は東アジアでされているが、伝統的に流通・食用までしているのは中国、韓国、台湾、日本の4カ国ほど。その中で一番小豆を食べているのが日本で、ほとんどをあんこにして食べている。

　日本では縄文時代から食べていたとされる小豆は、病気の予防や回復のための漢方薬として利用されたり、赤い色から縁起物として、厄除け、お祭り、お祝いの場で食べられてきた。

　ルーツについては、中国説、日本説、多起源説があるが、世界最古の小豆の遺物は、滋賀県の粟津（あわづ）湖底遺跡で出土している。

小豆には、赤あんに使う「赤小豆」と、白あんに使う「白小豆」の2種類がある。それぞれ、粒の大きさで「普通小豆」と「大納言小豆」に分けられる。北海道産が全国の小豆の9割を占め、いい小豆としてよく耳にする兵庫県・京都府の丹波地方の「丹波大納言（たんばだいなごん）」や岡山県の「備中白小豆（びっちゅうしろあずき）」は品種名だ。なお、白小豆はかなり高価なため、白あんには、小豆ではない、いんげん豆（手亡（てぼう）・白金時豆・大福豆（おおふくまめ））もよく使われる。

小豆博士と一緒にあんこを科学してみた

医学が発達していない頃から、経験的に「体にいい」と知られてきた小豆。では、あんこになるとどうなのか。できれば、おばあちゃんの知恵を裏づける科学的な回答がほしい。というわけで、ふだんから抱いていた素朴なギモンを、〝北海道の小豆博士〟こと農学博士の加藤淳（かとうじゅん）先生にぶつけてみた。先生、よろしくお願いします！

Q　あんこの食感が大好きです。あのざらざらの正体は何？

A　小豆の主成分の50％はデンプンです。加熱することでデンプンは膨潤・糊化し、小豆の子葉細胞の内部に閉じこめられます。この子葉細胞がひとつひとつバラバラになったものが「あん粒子」。これがあんこのざらざらした舌触りの正体です。

一般に、小豆のあん粒子は50～250ミクロンの間に分布しています。この中で、好ましい食感とされるのは、75～150ミクロンの間にあるあん粒子です。粒の小さい普通小豆だと、平均粒径１００ミクロン前後のあんこができ、なめらかな舌触りが感じられます。一方、粒の大きい大納言小豆からは、平均粒径１２０ミクロン程度のあんこができます。つまり、粒径の大きなあんこほど、舌触りがざらついて感じられるということです。

私たちの舌は、このあん粒子の平均粒径10ミクロンの違いを感知することができる、実に精密な感覚器官です。昔から、普通小豆はこしあん、大納言小豆は粒あんに向くと言われますが、あん粒子の大きさから考えても、理にかなった用途といえるでしょう。

Ｑ　栄養があるのは、粒あん？こしあん？

Ａ　小豆には、①生活習慣病や老化の原因となる活性酸素を取り除くポリフェノール、②ゴボウの3倍の食物繊維、③白米や食パン、麺類の食事に不足しがちなビタミンＢ1、④利尿作用にすぐれ、血液をサラサラにするサポニンなどが豊富に含まれています。何をもって栄養というかにもよりますが、このうち機能性成分（健康維持や病気予防に役立つ成分）であるポリフェノールや食物繊維の量という観点から見ると、質問への答えは「粒あん」ということになります。ポリフェノールは水溶性の成分なので、水さらしを繰り返して作るこしあんでは、その含量が低下します。また、小豆の種皮が含まれている分、粒あんの方が食物繊維の量も多くなります。

Ｑ　あんこが二日酔いに効くって本当？

Ａ　二日酔いに効く成分は、ポリフェノールやサポニンなどの水溶性成分であると思われますので、効果的なのは「小豆の煮汁」ということになります。でも、そのままでは渋くて飲みづらいので、小豆茶やおしるこが良いでしょう。

Q　脳の疲れには、おしるこがテキメンと聞いたのですが。

A　人間の脳の重さは体重の約2％しかありませんが、体全体の20％近くのエネルギーを消費しています。あまり体を動かしていなくとも頭を激しく使っている受験生などが夜食をほしくなるのはこのためです。

筋肉などとは異なり、脳内で利用できるエネルギー源はブドウ糖だけです。砂糖（ショ糖）やデンプンなどの炭水化物は、アミラーゼなどの消化酵素により分解され、ブドウ糖となって血液中に入っていきます。この時、ブドウ糖がエネルギーとして燃焼するためにはビタミンB1が必要です。

小豆を煮て砂糖を加えたおしるこは、小豆の主成分であるデンプン、砂糖といった炭水化物が主体で、かつ小豆にビタミンB1が豊富に含まれているため、脳にとっては即効性のエネルギー源であるといえるでしょう。

Q　なぜ年をとるとあんこが恋しくなるの？

A　生理的な理由としては、人は年齢を重ねると、食事の量が減り、脂質分解能力が低下してきます。ケーキのように脂質が主体の食品は、カロリーは高くてもエネルギーとして利用するには時間がかかるため、即効性のエネルギー源である炭水化物をより求める傾向になります。

よって、小豆のデンプン、砂糖といった炭水化物を主体とするあんこや和菓子が、日本人にとっては身体と心の栄養素となるのではないでしょうか。

●おもな参考文献……………………………

『餡』（武井仁／的場研二・的場製餡所）
『図説 和菓子の今昔』（青木直己・淡交社）
『和菓子　人と土地と歴史をたずねる』
（中島久枝・柴田ブックス）
『たべもの起源事典』（岡田哲・東京堂出版）
『菓子の文化誌』（赤井達郎・河原書店）
『砂糖の文化誌』（伊藤汎監修・八坂書房）
『「和菓子の歴史」展』（虎屋文庫）
『「歴史上の人物と和菓子」展』（虎屋文庫）
『「源氏物語と和菓子」展』（虎屋文庫）
『「殿様と和菓子」展』（虎屋文庫）
『「和菓子百珍」展』（虎屋文庫）
『「和菓子 素材がいのち」展』（虎屋文庫）
『「お菓子とお酒の大合戦」展』（虎屋文庫）
『和菓子と日本茶の教科書』
（新星出版社編集部編・新星出版社）
『たべもの史話』（鈴木晋一・小学館ライブラリー）
『日本の菓子』（藤本如泉・河原書店）
『別冊太陽　和菓子風土記』（鈴木晋一ほか・平凡社）
『食いねえ「あんこ菓子」江戸ッ子の腕まくり』
（仲野欣子・雄鶏社）
『プロのためのわかりやすい和菓子』（仲實・柴田書店）
『豆類百科』（日本豆類基金協会編著・日本豆類基金協会）
『アズキの絵本』（十勝農業試験場アズキグループ編・農文協）
『水木しげるの日本妖怪紀行』
（水木しげる／村上健司・新潮文庫）
『江戸のファーストフード　町人の食卓、将軍の食卓』
（大久保洋子・講談社選書メチエ）
『和菓子おもしろ百珍』（中山圭子・淡交社）
『古今名物御前菓子秘伝抄』（鈴木晋一訳・教育社新書）
『翻刻 江戸時代料理本集成』第九巻（吉井始子編・臨川書店）
『知っておきたい和菓子のはなし』（小西千鶴・旭屋出版）
『小豆でぐんぐん健康になる本』（加藤淳・BABジャパン）
『北海道発 農力最前線』（加藤淳・キクロス出版）
『日本食文化人物事典』（西東秋男編・筑波書房）
『たべものことわざ辞典』（西谷裕子編・東京堂出版）

文庫版付録

続・あんこへの道

［平成22年（2010）3月〜平成29年（2017）8月のあんこ日記］

『あんこの本』の単行本が発刊された後、「続・あんこへの道」と名付けた日記を備忘録代わりにつけ始めた。気がつくと、それが約7年半分たまっていた。あんこにまつわる新たなテーマで取材を行う機会をいただいたり、東アジア各国のあんこ文化を生で見たくて旅に出たりと、その間に培った発見や驚きも少なくないため、今回、文庫版付録としてその一部を掲載し、単行本の内容を更新してみようと思う。日記という性質上、その場の見聞に頼って書いており、正式な取材を行っていない記述も混じっていることをご了承いただきたい。なお、雑誌などの媒体名を書いている場合は取材を行った上で書いたものである。

平成22年（2010）

3月18日　宮川町の［名月堂］で「ニッキ餅」を買う。ご主人が羊羹の試食を勧めながら、店のお菓子についていろいろと気さくに教えてくださる。「ニッキ餅」は羽二重餅だけだとのびすぎてしまうので、さくい感じを出すために、餅に少しこしあんを混ぜるそうだ。

3月28日〜30日　『クウネル』京都特集で「ふだんのあんこもおいしいえ。」という記事を書く。［小多福］の甘酸っぱい青梅のおはぎが恋しい。

4月14日　文春文庫の児玉藍さんという方から『あんこの本』の熱い感想が来ました、と京阪神エルマガジン社の稲盛有紀子さんが転送してくれる。まだ4月なのに、「今年のナンバーワン」とあった。

4月18日　『あんこの本』で紹介した［洗足むや］がご事情により閉店。黒みつ風味の寒天の中に粒あんを入れた「あんみつ風・黒寒天」がおいしかった。［出町ふたば］の「豆餅」に対する「何も飛び出たものがない」という名言（P62）は、店主の岩瀬悦康さんの言葉。

4月29日　昔よく食べた壬生の［マンハッタン］の「あんバタ」を久々に買いに行く。みずみずしい粒あんは、あんぱんとはまた別のものを使っているそうだ。バターが濃すぎずまろやかで、フランスパンがサクサク軽く、あんこと相性ばつぐん。

5月7日　［菊壽堂義信］に『あんこの本』の取材のお礼を言いにいく。久保さんは、表紙の「中将餅」を見て、「これは昔の、ほんまのあんこの色やなあ」といの一番に当麻まで食べに行かれたそうだ。おしるこのあたたかいのをもらった。完璧な焦げ目の小さい焼き餅が2つ入ってくる。「青柳」「落とし文」「大福」「葛ふくさ」も買って帰る。

その後、［出入橋きんつば屋］にも挨拶へ。奥さんが「いやー立派な本やねえ。なんていうの。ほかのお菓子もみなええように写ってて。ほんまありがとうございます」と突然、きんつば10個入りの箱を片手でわしづかみにして、私の鞄にねじこんでくださる。「あっ、いや、私ちゃんと買いますんで！」「ええの！　ええの！」と10秒ほどレスリングの試合みたいになった。困って白石さんの方を見たら、静かに笑っておられた。息子の誠治さんがおられなかったので「今日、誠治さんは」と聞くと、「おなか痛い言うて帰った」と再び静かにほほえんでおられた。この店には「しがらぎ」という謎の夏のお菓子があるが、『あんこの本』を見た編集者の大迫力さんが「服部良一作曲、朝比奈隆指揮で大阪フィルが演奏した『おおさかカンタータ』というオペラみたいな曲があって、第3楽章の『祭りのおおさか』に『七月　ひやしあめ　えええ、しがらき　天神さん』という歌詞が出てくる」と教えてくれたことがある。

5月18日　［出町ふたば］に寄ったら、地元のお祭りのために赤飯と柏餅のみを売っている日だった。家紋入りの紺と白の垂れ幕がかっこいい。女将さんと少し話ができたので、『あんこの本』の編集担当者の村瀬彩子さんがいつも「あれ、気になりますよね」と言っていたショーケース上の大きな鏡について聞いてみた。あれは明治時代からあるもので、鏡に映った商品を見てもらいつつ、女の人が着物の乱れもサッと直せるように置いたもので、邪魔やと言われつつもずっと置いてあるそうだ。帰ってすぐ村瀬さんに伝える。

5月20日～21日　京阪神エルマガジン社の『四国本』で編集者の須波由貴子さんと松山あんこ取材。ののの字形の「タルト」で有名な［六時屋］は、今もカステラにしゃもじであんこを手塗りしているそうだ。はしっこを集めた「タルトのミミ」を買って帰る。

5月29日～31日　ノコノコロックという音楽フェスに行くため、博多へ。村瀬さんに［蜂楽饅頭］へ連れて行ってもらう。皮がみずっぽく、白あんがまめまめしくておいしい。手に蜂蜜の香りが残っていた。『あんこの本』を読んだ読者の方から「熊本県にある［蜂楽饅頭］水俣本店の焼きたてを是非食べてみてください」というお便りをいただいたが、九州に点在している［蜂楽饅頭］はそののれん分けか何かなのだろうか？　続いて［中洲ぜんざい］と［駒屋］にも寄る。［中洲ぜんざい］の「冷しぜんざい」は大粒小豆ごろごろで甘納豆風。［駒屋］の「豆大福」は赤えんどう豆がグリーンピースみたいな野性的な風味。帰りの新幹線で［かさの家］の「梅ヶ枝餅」。駅であたためて売っているのがいい。

6月3日　［中村製餡所］の中村さんから「姫手亡で白あんを炊きました」と連絡をいただき、自転車で買いに行く。いつものバター豆のこしあんと姫手亡のこしあんがハーフ&ハーフで詰めてあった。姫手亡はあん粒子を楽しめて口どけがよく、バター豆はきめ細かくて栗やさつまいもみたい。

7月26日　京都の和菓子屋さんに勤める女性からお手紙をいただく。「和菓子教室にとぎれとぎれで4年通って『あんこの本』を書店で見つけた頃、あんの炊き方を習いました。練切や上用を習っても何か熱中しきれなかった。でも、あん炊きをして初めてすべてがつながった感じがして」。

7月29日〜30日　新潮社の『旅』で伊勢の餅街道取材。昔、「赤福餅」は塩あんで1人前7個の時代もあったという話が面白かった。［柏屋］の「安永餅」、［伊賀屋］の「さわ餅」、また食べたい。

9月13日〜18日　京阪神エルマガジン社の『銀座本』で［茶房 野の花］取材。［空也］の最中をコーヒーといただける店。京都に帰る前、泉岳寺の［松島屋］に大福がまだあるか電話したら、「今日は赤いお菓子が終わってしまって」との返事。あんこを使ったものを「赤いお菓子」と言うようだ。

9月19日　京都和菓子の会に参加。［虎屋菓寮 京都一条店］で「栗粉餅」というきんとんなどをいただく。向かいに座ったご婦人が「とらやさんは黒文字の香りがいいのよね」とおっしゃっていた。

10月10日　父が群馬県の［清芳亭］の「湯の花饅頭」をもらってきた。赤砂糖色の皮とこしあんの空気のはらみ方が完璧に調和していて、ひとくちほおばると全体が温泉の湯気のようにほわ〜っとはかなくほどけていく。また食べたい。

10月19日　京阪神エルマガジン社の『会社のおやつ』というムックで、仕事の合間に軽く食べられるお菓子として［亀屋友永］の「三色松露」を推薦するコメントを書いていたら、無性に食べたくなり、買いに走る。シャクシャク崩れる厚めのすり蜜と、きめ細かいこしあんがねっとり歯にからんでおいしい。亀甲紋が入った量り売り用の小袋も好き。

10月20日　［すや］の栗きんとんが届く。先代夫人・てるさんの「京都や東京には、もっと立派なお菓子がございますのにナモ」という栞の言葉にぐっとくる。

10月29日　神戸凮月堂ホールで開かれた「豆の日」制定記念協賛事業の講演会に登壇者として招いていただく。雑豆・雑穀会社関係の方々がざっと120名ほど。緊張したら僕の顔を見ていなさい、と言ってくださった参加者のおじさまが「韓国にも羊羹があるんだよ。京都から出発してあんこの歴史を遡る旅をしてみるといい」とご示唆くださる。

10月31日　［冨美家］、錦市場の食堂営業最終日。食事に行き、店内の写真を撮らせてもらう。新しい食堂は徒歩1分のところで、［オ・グルニエ・ドール］の隣。

11月2日　北條製餡所・研究開発室の奥村保則さんからあん粒子の顕微鏡写真がメールでくる。人間の舌が好ましいと感じるあん粒子の大きさは75〜150ミクロンらしいが、自分のフェイバリットこしあんのあん粒子が何ミクロンなのか調べてみたい。

11月4日　稲盛さんから銀座三越での羊羹フェアの現地レポートがメールでくる。

11月5日　［天狗堂海野製パン所］に寄り、「つぶあんぱん」を買う。こちらは、奥さんのおじいさんが和菓子とパンを商う店で丁稚奉公し、どちらにしようと迷った末に始められたパン屋さんだそうだ。そのため、おじいさんは当初、おくどさんで薪をくべながらあんパンのあんこを炊いていたとのこと。子供の頃、あんこに加える水あめを割り箸にからめとって少し分けてもらうのがうれしかった、と奥さん。

11月7日　カメラマンの齋藤圭吾さんから岩手県の［中松屋］のお菓子が届く。栗のきんとんと、「響の山」という栗あん入りの羊羹。とてもおいしい。

11月11日　神楽坂の［花］という甘党に行く（追記／現在は閉店）。「ゆであずき」と迷った末、「あんずあんみつ」にする。大きな干しあんずに、こしあん、寒天、それから「サービスです」と言って、びっくりするほど大きな栗の甘露煮が1粒のってきた。奥から「いちごがまだ若い。許してもらって」と声が聞こえてきた。こしあんは、まったりとしたわさび系。黒みつが酸味があって好み。帰り際、さらにキャラメルとチョコレートをレジでもらった。

12月17日　カメラマンの新居明子さん・山本真人さん夫妻が京都に来られる。お2人とも粒あん派とのことだったので（山本さんの標語は「一日一甘」）、［亀末廣］の「大納言」を案内する。店の女将さんが「あんこの本、ほんとに楽しく読ませて頂いてます」と言ってくださって嬉しかった。今年も丹波大納言の白小豆が手に入ったそうで（農家の方が種を絶やしたくないという目的のためだけに栽培されている）、年明けに「幼な木」を作れそうです、と喜んでおられた。

12月22日　予約しておいた「栗の子」を買いに［喜久屋］へ。栗の香りがふわーっとして、こしあんのみずみずしさが去年にも増している感じ。齋藤さんにもらった［中松屋］の栗100％の栗きんとんが山の味とすれば、これは街の味。

平成23年（2011）

1月13日　等持院の古い町家で羊の原毛を売っている［スピンハウスポンタ］（追記／現［スピナッツ］）でホチキスの会。代表のポンタさん（本出ますみさん）は毛から肉まで丸ごと一匹、羊を愛する人。だから羊羹とあんこの関係にも精通していて、四季の和菓子についての愛蔵書も持っている。情報誌『スピナッツ』に羊毛サンプルをホチキスで留める作業を手伝った人には手製ランチのご褒美があるが、この日は羊肉のスープだった。「姜さん、これがほんとの羊羹よ！」とポンタさんが大鍋から肉塊とスープをすくって見せてくれた。葛粉を入れたようにドロドロになったスープが、まさに「羊のあつもの」で感動。

1月23日　［かみ添］で四角の話。大阪の和菓子店［日月餅］（追記／現［餅匠しづく］）製の、つくねいもの生地にさつまいもあんを使った白くて四角いお菓子を食べる。会場に来られていたご主人曰く、お菓子を真四角に作るのは難しいとのこと。

1月26日〜29日　京阪神エルマガジン社の『東京ひとりめし』の取材で東京。吉祥寺の［横尾］で噂に聞いていた「干し柿のおしるこ」を食べようと寄ったら、今年はもう終了したとのこと。代わりに「冷たいおしるこ」（甘酒入り）を食べる。こしあんがきめ細かく綿のような舌触り。甘酒がしっかりきいている。白玉がブラックタピオカぐらいの大きさなのがおしゃれ。「干し柿のおしるこ」は、干し柿のペーストと白あんを混ぜて作るそう。

2月2日　法輪寺（だるま寺）で節分会。回転焼きにだるまの焼印を押した、ご奉仕のおばちゃんたち手製の「だるま焼」は、生地がふっくらぶあつくて、あんこ：生地＝2：8くらいで、マフィンみたいでとてもおいしい。お茶席で出ただるまの最中も太ったお腹にふわふわの粒あんがたっぷり詰まっていて、エアリーだった。岐阜の［起き上り本舗］の「起き上り最中」という銘菓みたいで、喝ッ！　とにらみを利かせた、おどろおどろしい表情がかわいい。

2月21日　世界文化社の『京都・丸久小山園に教わる老舗の抹茶おやつ』で太秦の［音羽軒］取材。小豆の煮汁に砂糖を加えた蜜で粒あんを炊くレシピを教わる。

3月2日　『京都・丸久小山園に教わる老舗の抹茶おやつ』の撮影で［元庵］へ。ぜんざいにお薄を流す食べ方を知る。

4月9日　［徂徠］の架場路子さん宅でお花見の会。以前より京菓子について色々ご教示いただいている茶人の大杉宗直さんのお点前を初めて拝見する。［紫野源水］の桜の花びらの練り切りが素晴らしかった。

7月10日　J-WAVEの「CURIOS」というラジオ番組に電話出演。「冷やして食べたい夏のあんこ」というお題で、［あんですMATOBA］の「シベリア」と［亀澤堂］の「れもん餡どら焼」を薦める。

〈東アジアあんこ旅　第0歩目〉（韓国・ソウル）

雑誌『クウネル』の韓国特集で、「韓国のあんこ　おやつなの？　ごはんなの？」という企画をすることになった。以前より、韓国のあんこ菓子はなぜあんなに甘みがあっさりしているのだろうと思っていた。砂糖の甘さではなく、穀物をかんでいるとにじみ出てくる甘みを愛でるかのような、うっすらとした甘さ。

険しい山岳地形とシベリアからの冷風でさとうきびが育たなかったせいなのか（今も砂糖は100％輸入）、陰陽五行では砂糖が極陰とされるためなのか、ゆず茶やなつめ茶といった伝統茶に甘いものが多いのでお茶うけには甘みが必要なかったのか。

いずれにしても近代になってからの健康志向とは異なる気がして、その背景を探れば、日本では味わえない韓国ならではの甘味紹介として面白いのではないか、という目論見で企画した。今思えば、この取材が最初の東アジアあんこ旅となった。

8月25日〜28日　取材前の下調べ旅行で、『クウネル』編集部のみんなと3泊4日でソウルへ。仁寺洞で「クックァパン」の屋台を見つける。菊花形のミニ今川焼きで、こしあん状の小豆あんに刻んだナッツのようなものが入っている。ほんのり塩気のある生地がプリンのようにやわらかい。通訳兼コーディネイターのきむ・すひゃんさんによれば、プルパン（糊パン）と呼ばれるものの一種で、戦後、糊を小麦粉で作っていた時代に、糊用の小麦粉を焼いたお菓子を売る露店がたくさんできたとのこと。

次に、広蔵市場の餅屋さん［奨忠楽園トクチプ］の一角でおばちゃんが焼いている「ススプクミ（きびのお焼き）」と「チャプサルプクミ（餅のお焼き）」。ススプクミは小豆あん入り。砂糖はなしで、小豆の穀物の甘みだけで食べさせるあんこ。チャプサルプクミはコピパッ（またはケピパッ）という豆の白あん入りで、こちらは少しだけ甘みあり。黒いきび生地には小豆あんを、白い餅生地には白あんを入れて、色を合わせているのが面白い。

昼食時に同伴してくれた通訳の女の子の友達で、『あんこの本』を見て韓国版を作ろうとしているライターの女性がいるというので会ってもらう。場所は、彼女のお気に入りだという仁寺洞の［ハプ］という餅屋さん兼カフェ。パッピンスのあんこが大粒の小豆で、隠し味にゆずの香りがしていた。つたない韓国語でのやり取りでかろうじてわかったこと。「あんこという日本語は韓国の一部の人にはそのまま通じる」「韓国に製あん職人はいないが、釜山に羊羹職人はいる」。すひゃんさんによれば、韓国ではあんこを「タンパッ（甘い小豆）」と呼ぶことが多いが、「앙꼬（あんこ）」という日本語由来の呼び方も定着しており、「重要な何かが抜けている状態」を「あんこのない蒸しあんまんのようだ」と表現し、新聞でも普通に使われるそうだ。

途中で合流したコーディネイターのチェ・ジウンさんが餅屋さんで買ってきたカムジャトクという半透明のじゃがいも餅をくださった。やはりコピパッの白あんが中に入っており、時にはコピパッとじゃがいもを混ぜたあんこを使う店もあるらしい。

最終日、三清洞の［ソウルで二番目においしい店］という伝統茶の茶房でおしるこ。独特のとろみがあるのは、小豆の粉を使っているためだそうだ。ゆで栗、銀杏、塩豆、シナモンといった具の組み合わせや、お供が大さじスプーンとうもろこし茶なのも面白かった。勝手口の扉が開いていたので厨房をこっそりのぞくと、よく磨かれた銀色の鍋がいくつも並んでおり、小豆のいい匂いがしていた。

帰国後、「おいしいあんこがいっぱいあるのはわかった。でも韓国らしいあんこはどこにあるのだろう?」という初歩のところでつまずいてしまった。逆に言えば、「あんこを食べたい時、現地の人々が目指す場所」を的確に捉えられたら、その土地をよりよく知る術になるに違いない、とも思った。その観点で整理すると、韓国のあんこ処は「屋台」「餅屋」「粉食屋」「粥屋」「伝統茶の茶房」の5つに大きく分けることができそうだった(秋だったので、この時は「パッピンス屋」は外した)。すひゃんさんにも話して精力的に調査を続けてもらい、最終的に4軒に絞り込む。

9月29日~10月6日　本取材で再びソウルへ。1軒目の取材は通仁市場の餅屋さん[シンジントクパンアッカン]。本来は粉挽き屋さんで、アワやヒエなどの雑穀を売りつつ、それを粉に挽くのが主な仕事だ。餅米や小豆も扱うことから、韓国では粉挽き屋さんが餅屋さんを兼ねるケースが多い。

店の名物は、干しかぼちゃ入りの「パッシルトク(小豆の蒸し餅)」。炊きつぶしただけの小豆と、店主のキム・ヘスンさんが干すところから作る干しかぼちゃを餅にのせたもので、砂糖なしの素あんこにかぼちゃの甘みがちょうどいい。餅は、餅米を搗くのではなく、餅米の粉に水を吸わせて角型に詰め、蒸し上げることで餅状にするので、口当たりがつるつる滑らかで気持ちいい。

同じようにトク(棒状の餅)を作るところも見せてもらう。できたての姿があまりにつやつやなので歓声をあげたら、ヘスンさんが「よかったらどうぞ」とハサミでパチンと切って勧めてくれた。「どうぞ」の「ぞ」のところですでに餅の切れ端が私のくちびるにぎゅっと押しつけられており、そのスピード感あふれる親切がおかしかった。

2軒目は東大門市場の[クギル粉食]。手作りのチンパン(蒸しあんまん)とマンドゥ(餃子)が名物の粉食屋さん。粉食屋とはチンパンやマンドゥ、うどんなどの粉ものメニューを供する店(トックという韓国雑煮もあるので、小麦粉の粉ものとは限らない)。取っ手のない巨大鍋で国産小豆の粒あんを炊いていて、それを巨大な泡立て器で混ぜている。甘みづけは、黄砂糖（ファンソルタン）と呼ばれるきなり色の砂糖やとうもろこしの水飴でしていた。

夫のパク・ピョングァンさんと妻のチュ・ソンジュさんはおしどり夫婦で、ソンジュさんが胸元に「I♡YOU」と書かれたイカしたエプロンをしていたので、「ほかにはどんなエプロンを持っているんですか？」と聞いたら、同じエプロンの色違いを7枚持っているとのことだった。

3軒目は下調べ旅行でも訪れた餅屋兼屋台の［奨忠楽園トクチプ］。「ススプクミ」の「スス」はきびのこと。「プクミ」は昔、農家の人が余った穀物で作り、農作業の合間に食べたお焼きのことだ。とうもろこし油でふっくらと焼いたきび粉生地に自家製つぶしあん（砂糖なし）をのせ、食べやすいよう半月状にたたんである。

お手本のようなアジュンマ・パーマがトレードマークのキ・ウンエさんが作るシッケ（麦芽で発酵させた米ジュース）と一緒にもぐもぐやるとおやつに丁度いい。「チャプサルプクミ」は餅粉の生地で、白あん入り。コピパッを粉に挽いたものを蒸して砂糖でつないであんこ状にするため、少しだけ甘みがある。

4軒目は小豆粥屋さんの［新堂洞泉パッチュク］。メニューは「パッチュク（小豆粥）」と「パッカルグクス（小豆うどん）」のみ。直径20センチほどもある器に白玉を浮かべた小豆粥は、1人で食べてもよし、ミニおたまを使って数人で分けて食べてもよし。一緒に運ばれてくる黄砂糖、塩、浅漬けの白菜キムチ、大根の水キムチを加えながら好きなように食べる。

韓国では冬至の日に小豆粥を食べて邪気を払う風習があるが、その時期に一番おいしいのが白菜キムチと大根キムチらしく、韓国の人は小豆粥を見ると反射的にその2つのキムチが食べたくなるそうだ。黄砂糖をふりいれるとサーッと溶けて、まだらな甘みになるのもまたおいしい。隣のテーブルに「子供の頃から砂糖を入れる派」だというおじさんの常連さんがいて、「最初から甘くしてあったらだめなんですか？」と聞くと、「その日の好きな甘さで食べたいんだよ」と返ってきた。同じ店内にはキムチのみ派もいるから不思議だ。

店主のチョン・チェホさんが魅力的な方で、陰陽五行ではどのように小豆を捉えているかという話をする際に、「失礼ですが、姜さんは何か宗教を信じていますか？　私は仏教を信仰しているのですが、少し仏教についてお話ししても構いませんか？」と尋ねられ、その言い方がとてもよかった。お客さんを見送る時は「ヌル　ヘンボッカセヨ（いつもお幸せに）」と声をかける。別れ際、チェホさんの真似をして言ってみたら、奥さんが笑っていた。〈第0歩目／完〉

10月9日　［シンジントクパンアッカン］で買ったコピパッを、［奨忠楽園トクチプ］のキ・ウンエさんに教わった方法であんこにしてみる。水をたっぷり張ったボウルに豆を入れ、浮いてくる灰色の皮を取り除いては水を入れ替える（これが実に大変）。きれいなむき豆になったら蒸し器でやわらかくなるまで蒸し、鍋に移して砂糖を加え、しゃもじでつぶしながらペースト状にしていく。濡れぶきんで茶巾絞りにしてみたが、これがおいしい。芋と栗の間のようなほくほく感。なぜこの豆が、日本ではあんこの素材として入ってきていないんだろう。

平成24年（2012）

1月20日　今朝、テレビを見ていたら東京・吉祥寺の［小ざさ］のドキュメンタリーをやっていた。祥雲紋のような形のここの最中は皮もあんこもやわらかくて好きなので、思わず見入る。写真の道を捨て、店を継いだ稲垣篤子さんの行きつけだという喫茶店［エコー］が気になる。

1月25日　［京華堂利保］の前を通りかかり、先輩が「おわび菓子はここの濤々（とうとう）と決めている」と言っていたのを思い出し、買ってみる。「濤々」は茶席で釜の湯が煮える音を波にたとえたもので、渦文様を砂糖蜜でシュッと描いた麩焼に大徳寺納豆を刻み込んだ煉あんがはさんである（栞には「大徳寺納豆餡」と書かれていた）。骨董品のような佇まいのあんこ。

5月11日　［出入橋きんつば屋］に行く。白石さんが2月に逝去されたことを知る。

7月3日　祇園の［八楽］で食事。奥さんのご実家がある香川県の［巴堂］の「とら丸」というくるみ入りのパイ饅頭をもらう。パイとこしあんが最中みたいにしっとりなじんでおいしい。

7月13日　錦市場の［たなか］（追記／現［幸福堂］）に寄り、「抹茶ふくさ」と「黒糖ふくさ」を買う。食べる30分前に冷蔵庫に入れて少し冷やしてもおいしいよ、と教えてもらう。

9月26日　JR西日本の「マイ・フェイバリット関西」というサイトで「京都のあんこと栗」について書く。

10月11日　横浜の女性より、夫と『あんこの本』を巡る旅をしています、と宿泊先の便箋でお便りをいただく。旦那さんは名刺やはし袋、果てはレシートまでをメンディングテープで本に貼ってコレクションしておられるとのこと。

平成25年（2013）

1月15日　東京出張。帰りの品川駅で「空いろ」の青大豆の「○あん」の瓶詰と小豆の粒あんサンドクッキーを買う。小豆を皮ごとこしたあんこを「○あん」と呼んでいるのが面白い。

1月25日〜30日　『雲のうえ』で「北九州市未登録文化財」の取材。取材の合間に「資さんうどん」でぼた餅。制服を着た会社員らしき女性がうどんとおにぎりを食べていたが、おにぎりだと思っていたそれはぼた餅だった。旦過市場の「岩田屋餅菓子店」で小倉名物と書かれていた「塩あん餅」を買い、小倉昭和館という古い映画館で『ル・アーヴルの靴みがき』を見る。あんこが絶妙の塩加減で、歯切れのよいよもぎ餅もおいしい。おにぎり代わりのあんこが実在する街、北九州。

2月26日　「火曜 Wanted!!」というラジオ番組であんこマンを自称する福澤朗さんとあんこ対談。あんこ対決で福澤さんが「壺屋總本店」の「壺最中」を持ってきてくださる。こしあんが生チョコみたいだった。私は「中村製餡所」の姫手亡とバター豆の白あんハーフ&ハーフと最中皮のセット（姫手亡は特別に作ってもらった）。まずはあんこをそのままどうぞと勧めると、福澤さんが一口食べるや「まるでベルベットのよう」とおっしゃり、思わず「わー上手」とプロに向かって言ってしまう。

3月31日　上海の出版社に勤める編集者の乾純子さんから、「郊外へ桃を見に行ったら、道中で青団なるよもぎ餅を作っているおばちゃんたちがいました」と写真が送られてくる。中は黒ごまあんのようだが、甘くはなかったらしい。餅生地のふちの閉じ方が奈良の春日大社の供物「餢飳（ぶと）」そのもの。

4月5日　『あんこの本』で紹介した中野の「ホミル」の閉店を確認。

7月19日　『クウネル』で裏ごし料理が得意な主婦の方を取材させていただく。その方が裏ごし器を買われたという和菓子道具の会社「堀九来堂」へ行ってみる。銅鍋、通し、木じゃくしなど、あんこ関連の道具もあらゆるサイズがあり、胸が躍る。

9月14日〜17日　『ブルータス』のあんこ特集のため、岡山県の備中白小豆の農家さんや豆問屋さんを取材。「菊壽堂義信」の久保さんに、その備中白小豆を使った白い羊羹の制作過程を3日間にわたって撮らせてもらう。途中、警報レベルの台風があったが、顔色一つ変えずいつものように店に来てくださっていた。

10月13日　『アンパンマン』の原作者、やなせたかしさん逝去。

10月20日　コラムニストの天野祐吉さん逝去。ブログ「天野祐吉のあんころじい」の「あんこ学」の項は素晴らしいあんこ評論集。「つぶあん好きはブリーフ派、こしあん好きはトランクス派」「(中国や西洋の文明の)大津波から逃れるために、西洋伝来のパンのなかに、あんこはこっそり身を隠した」。いつかあんこ学の指導を仰ぐのが夢だった。

11月24日　尹煕倉さんのトークショーを聴きにたつのアートプロジェクトへ。帰りに「吾妻堂」の「ひしほ」という饅頭と「揖保の鮎」という最中を買う。「ひしほ」の淡口醤油味のあんこがオツ。

11月25日　本で見たウー・ウェンさんの包子レシピに夢中になり、何度も作る。北京における小麦粉皮の穴を埋める本来の「餡」というものの多様さを肌で知る。1998年にグラフ社から出た『北京の小麦粉料理』という本が大好き。餃子はお金の形をしているとか、北京では住宅街に粉屋さんがあって指先で触ってから買うとか、北京式の麺棒・排排簾とか、読み物が面白い。いつか北京で排排簾を買いたい。

11月30日　京都文化博物館で開かれていた書画展で「古墨(こぼく)」という言葉を知る。墨が乾いた時のブルーグレーのような色をいうらしい。あんこの色の表現として覚えておく。

12月19日　編集者の末崎光裕さん、『ペコロスの母に会いに行く』のトークショーで上洛。九州では小豆あんのことを赤あんではなく、黒あんというと教わる。石炭の黒に価値があったからだろうか。

平成26年（2014）

2月13日〜15日　岡山県の西粟倉村取材。車中で、和菓子好きのカメラマン・森川諒一さんが、長崎土産の「一口香」なるお菓子をくれた。砂糖あんが沸騰する力で膨らませるという、生姜風味の不思議なお菓子。

3月10日　保津川下りの初日に船に乗ってきた父が、亀岡市馬路の［朝日堂］という店の最中「丹波大納言」をお土産に持って帰ってきた。おいしい！　ねっとりとして、でもしつこくなくて、豆のほくほく感もあって、香りに野性味がある。［松壽軒］のご主人が「若い頃に食べた馬路大納言のぜんざいが忘れられへん」とおっしゃっていたが、これがその馬路大納言なのだろうか？

3月26日　『ダンチュウ』の江部拓弥さんより、甘いもの特集で思い出のおやつについて書いて欲しいとの依頼。思い出というほど古い記憶ではないがぜひ話を聞いてみたい店がある、と伝える。包装紙の住所を頼りに亀岡の［朝日堂］へ行ってみる。駅から延々と続く畑の沿道を歩いていく。駄菓子と和菓子が共存する一軒家の家族経営の店で、なんと108年続いてきたそうだ。市内から来たというと、お母さんがまるで北海道から来たかのように「まあ〜、遠いとこから……」とおまけのお菓子や缶コーヒーを山ほどくださった上、お父さんが車で駅まで送ってくださった。

4月2日　『ダンチュウ』の江部さん、カメラマンの佐伯慎亮さんと［朝日堂］取材。希少な地元産の馬路大納言の最中用の粒あんを見せてもらう。圧巻のつや。

4月12日　都をどり@甲部歌舞練場。茶席の薯蕷饅頭は［とらや］製の「春の日和」で、こしあんの味が場によく似合っている。今年の団子皿は赤。白が欲しいけど、なかなか当たらない。

6月24日　久々に北山の［天引］であんみつ。2007年版と2008年版の小澤征爾さんのサインがあって、

２００8年版には「あんみつ、どう?」と音符のような字で書いてある。

8月5日　『ブルータス』の「強い酒、考える酒。」特集で、丸亀港の埠頭にある[サイレンスバー]取材。マスターは神戸の港町育ち。子供の頃、一番楽しみだったおやつは、お母さんが用意してくれる薄い食パンのこしあんサンドイッチとミルクティーだったそうだ。

8月22日　『クウネル』の「うずまきお菓子紀行」ページで[鶴屋吉信]の「観世井」取材。

8月25日　『かんたんデザート　なつかしくてあたらしい、白崎茶会のオーガニックレシピ』という本に、熱湯に小豆をつけて一晩おくことでアク抜きし、炊く時にはシブ切りをしないという面白い粒あんの炊き方が載っていた。実際やってみたら、熱湯で戻す分、炊く時間も短縮されるようだ。

9月5日　『長野陽一の美味しいポートレイト』展。[富美家]の「小倉クリーム」がこの瞬間しかなかったという感じの緊張感をたたえていた。

9月11日　『サヴィ』の「日本のおやつ」特集で「あんこ道、入門」という企画をすることに。その取材依頼で[美福軒]へ自転車で行った時、明後日、主人があんこ炊きまっせ。見にきはるか？　と奥さんに言われたので行く。すべての道具や椅子が体の一部になっている光景に胸を打たれる。奥さんが「こんなん滅多に見られしまへんで。おねえさん運がよろしなあ」とみたらし団子を焼きながら何度もおっしゃった。

9月16日〜17日、19日〜20日、24日　『サヴィ』の「あんこ道、入門」取材。カメラマンの塩崎聰さんが移動の車中で「あんこのこと語る時、みんなめちゃめちゃ幸せそうやなあ」とおっしゃった。

10月11日　[和菓子サロン一祥]の宮崎泰江さんに教わったレシピで、こしあんトリュフを作ってみる。ゆで小豆をフードプロセッサーで皮ごと粉砕し、こしあん風のものを作って丸めるというもの。教室でこしあんの作り方を教えている時、生徒さんから「皮を捨てるのがもったいない」という声が上がったことから思いつかれたそう。きなこやゆかり、ぶぶあられをふって食べる。中にレーズンを１、２粒入れてシナモンをふってもおいしかった。

10月19日〜20日　『クウネル』で秋田のなべっこ取材。お母さんたちが山ほどのいものこ汁と手弁当を持参してくれた。おなかがはちきれそうで、お重に入ったたぼた餅を食べなかったことを激しく後悔。いろいろと取り仕切ってくださった小野マサさんが慣れないメールで「60代の私たちの記念誌として保存します」とメッセージをくださった。

10月25日〜30日　『雲のうえ』で北九州うどん取材。フリーライターのエンテツさん（遠藤哲夫さん）に「あんこの本という本を読んだけど、姜さんは味に厳しいね」と言われる。味が生まれた背景をできればなんとか文字に起こして、その味覚を分かち合いたいんです、と話す。でも北九州うどんのだしの感覚は最後までわからなかった（麺のやわらかさに対して非常にしょっぱさが強い）と吐露すると、エンテツさんが「わかんないなあ、おっかしいなあ、でいいんじゃない」とおっしゃった。

12月15日　会社勤めをしつつ「珈琲山居」という名で自家焙煎のコーヒー豆を知人に分けている居山貴行さんから、単身赴任されていた中国・杭州のおいしいものを記録した手製のガイドブックが届く。現地のコーヒーショップの情報いっぱい、あんこ情報も少々。

平成27年（2015）

1月7日　［菊壽堂義信］の奥さんの順子さんの声で「菊壽堂です。一度お電話いただきたいと思います」と留守電あり。電話すると久保さんが「どうも！　お元気でっか。今年の新豆の白小豆で羊羹作りましたんで送らせてもらお思うんですけど、よろしいでっか」とのこと。恐縮しながらお願いすると、後日お手紙とともにずっしりした重さの羊羹が1本届いた。このきなり色！　包丁を入れた時に手に伝わるザクッと感が赤い小豆の小倉羊羹とはまるで違う。やわらかくもサクッ……という感じ。ひと口食べると、水のように淡い味わいの向こうにかすかな小豆の香り。小豆の皮は赤ちゃんのつめのよう。こんな淡い香りの小豆だと甘みが勝ってしまいそうだが、砂糖のしみこませ方がまた絶妙で、自然の流れに任せて浸透した伏流水のように甘みが全体にひたひたと行き渡っている。豆と砂糖はおいしいな、とあらためて思った。お礼の電話をかけると、「いや、出来が良かったもんですさかいね、ちょっと送らしてもらおう思て。もっと早いこと送らなあかんかったのにえらいすんまへん！　寒いでっさかいに、お気をつけて。また店寄ってらはい」。久保さんの大阪弁が小気味よくて思わず書き取る。

2月1日　スーパーで百合根が安売りしていた。萬福寺の普茶料理の大皿にのっていた百合根の茶巾がおいしかったことを思い出し、想像で作ってみる。百合根をゆがいて、砂糖を加えながらつぶすだけ。簡単に白いこしあんみたいになった。萬福寺のものは先が薄紅色に染まっていたので、あん玉に叩いた梅干しを少しのせて茶巾絞りにしてみたら、甘じょっぱい味わいの紅白茶巾になった。

3月1日　寺町通を歩いていたら、［雑器と喫茶 それから］という小さな看板を見つけたので入ってみる。骨董や庭を眺めつつコーヒーや紅茶などがいただけるようだ。ダンディな風貌のご主人らしき男性が、土日だけ生菓子とお薄を出していますのでよろしかったらどうぞ、と言ってくださったのでお願いする。おたふくのほっぺたのようにぷくぷくに膨らんだお餅でこしあんを包んだ「白梅」というお菓子がおいしくてびっくりする。なめらかで、ふわふわで、入道雲を食べているよう。ご主人が、西陣にある［聚洸］のお菓子を決まった数だけ運んでおられるそうだ。［聚洸］さんの羽二重はほかにないもので有名とのこと。お薄は［柳桜園茶舗］の「珠の白」。

3月7日　千葉県銚子に滞在中のデザイナーの有山達也さんからケータイに今川焼きの写真が送られてくる。昔、家にあったＴＤＫのヘッドホンみたいな形をしていて驚く。「ひとつでかなりのパンチ力。塩の効いたあんこは労働者系。とは言ってもわりと上品」とのこと。後で、お店の住所などを送ってくれた。［さのや今川焼店］という店。支店名がすごい。

3月10日　千本界隈を自転車で走っていたら［亀廣脇］という小さな和菓子屋さんを見つけた。注文予約制の上生菓子店だったが、わらび餅なら2つお分けできます、とのことだったので買って帰る。香ばしいきなこをまとった薄い薄いわらび餅の中にたっぷりのやわらかいこしあん。

5月1日　近所のスーパーへ抹茶を買いに行ったら飲みきれないほど大きい缶で、しかも宇治茶でもない。三条会商店街の「矢野自作園」に寄ったら、いやな顔ひとつせず20グラムを小さな袋に入れて分けてくれた。「常盤の白」という一番安価な抹茶。十分おいしくて嬉しくなる。

6月7日　「吉田山大茶会」というイベントで「China Tea 茶泉」という東京の経堂にある中国茶のお店が出店していた。自家製だという「鳳梨酥（パイナップルケーキ）」に興味を惹かれて買う。家庭風であっさりとしていておいしい。パイナップルをぎゅうぎゅうに詰めた今風のものから、パイナップルあんに冬瓜を混ぜた昔風のものまで、鳳梨酥なら迷わず食べる。

7月25日　「小刀屋忠兵衛」という人形屋さんのショーウインドウに祇園祭のミニチュア鉾が並んでいたので眺めていると、「撮影は基本禁止です。でも撮るなら今年の鉾順の中段を撮って下さい」という注意書きがあり、京都は大変やなあ、と思った。取材先の和菓子屋さんにも「お菓子を撮ってもらうのはかましませんけど、撮るならお皿にのせてください」とよく言われる。

8月12日　京阪神エルマガジン社の『エコトリップ京都』で旅行者の方でもできたての生菓子をゆっくり味わってもらえる3軒を紹介する。「愛信堂」「永楽屋喫茶室」「京都茶寮」。

10月9日　「ヤマダベーカリー」でたい焼きパイを買い、京大の生協会館の階段に座って食べる。パリのエッフェル塔や凱旋門が描かれた赤い紙袋にのせられたたい焼きパイが愛らしくて、しばし見入る。

10月28日　祇園の切り通しに「あのん」という新しい店ができていたので入ってみた。たい焼きで有名なサザエ食品が手がけているようだ。「あんぽーね」というマスカルポーネと粒あんを自分で最中皮にはさんで食べるメニューを注文する。喫茶店のサンドイッチみたいに最中がイートイン・メニューになっているのが面白い。お供はアメリカーノ。

11月3日　堺市の「八百源来弘堂」へ。住宅街に突如現れる京都の老舗も顔負けのわびさび感。店いっぱいにニッキの香り。シナモンスティックも売っていた。「肉桂餅」というニッキ餅、「ちぬ乃月」というけしの実餅、たまらない。

「肉桂楽」というニッキカステラを購入。ザビエル公園でニッキ餅とけし餅を食べる。人差し指と親指で持った時、指の腹に伝わってくる餅ごしのこしあんの感じ。たまらない。

11月11日～15日　うめだ阪急の催事「時をかける『あん』」のトークイベントに参加。丹波篠山の［諏訪園］の「いちご大福（白あん）」、東京の［岬屋］の「最中」、新潟の［さわ山］の「大福」、鳥取の［山本おたふく堂］の「ふろしきまんじゅう」など、参加者の方からたくさんおすすめのあんこを教えていただく。

最終日には、株式会社虎屋の基礎研究室におられる奥本大祐さんと対談し、小豆はヨーロッパ、アフリカ、アメリカ、オセアニアには存在しなかった豆でアジアのどこかが起源であること、［とらや］の羊羹は糖度は高くても硬度があるのですっきりとした味わいになることなど、あんこにまつわる日頃の研究成果をお聞きし、大変興味深かった。御殿場の［とらや工房］に来てください、きっとお好きなはずです、と勧めていただく。和菓子屋の原点を再現したいという思いで作られた施設で、喫茶席ではどら焼きや大福などの素朴なお菓子がいただけるそうだ。

［塩瀬総本家］の「志ほせ饅頭」、［デリチュース］の「デリチュース ジャポネ」「ハイカラどらやき」など、しこたま買って帰る。

11月18日　神戸で湊商事という雑豆会社を経営されている湊喜昭さんに韓国の白あんに使われていたコピパッの写真を送ってみたら、「日本で昔、牛小豆と呼んでいたものではないか」とのこと。当時、日本では異物として除去していた豆らしい。

11月24日　［とらや京都四条店］で「とらまん（虎屋饅頭）」が始まっていたので買って帰る。お店の方に「召し上がり方はご存知ですか？」と聞かれたので、「む、蒸し器で蒸してます」とおそるおそる言うと「あっ。いつもありがとうございます」と言われた。とらまんを買って帰った時は、蒸し器を出すのが苦にならない。しゅんしゅん、とお湯のわく音が聞こえたら饅頭を並べる。しばらく待ってふたを開けると、お月さんのようにきれいにふくらんだまんまるが愛らしい。人の手で作ったとは思えないきれいさ。両手でほっくり割ると、たちのぼる湯気までおいしい。お酒の香りがこしあんにまでしみていて、湯あがりみたいにしっとりしている。

11月27日　［ラトナカフェ］でフィッシュカレーセット。食後のチャイが出てきた時に、実家から送ってきたのでおひとつどうぞ、ともみじ饅頭をもらった。すごくさらしてあるほぼ白いこしあん。チャイともみじ饅頭、悪くない。

11月28日　読者の方から一報を受け、『あんこの本』の単行本で取材した［喜久屋］が閉店していることを確認。おそば屋さんが新装開店の準備中だった。初めて「栗の子」を買った時、シスターみたいに大きな三角巾をした足立房子さんに「これは栗のお刺身みたいなもんですねん」という殺し文句をキメられ、こんなに食欲をそそる表現がほかにあるだろうかと感心しながら帰ったことを思い出す。

12月17日　『あんこの本』の［松翁］のページで「そばがきの専門店があったら絶対通うのに」と書いたが、本当にこんなお店が登場しましたよ、と村瀬さんからお知らせが。大阪市東住吉区杭全の［そばがき屋　ぐーちょきぱー］。自家製あんこと黒みつで食べる甘味バージョンもあり。しかもそばで有名な［凡愚］出身のキュートな女性がやっているお店。

平成28年（2016）

1月11日　『サヴィ』のベイク特集で1カ月間、毎日違う方法でスコーンを食べるという企画。26日目になかしましほさんのレシピ本『まいにち食べたい〝ごはんのような〟ケーキとマフィンの本』の「あんこのスコーン」を焼く。あんこの水分で粉をまとめる面白いレシピ。驚くほど簡単でおいしい。いただきものの干し柿をスライスして、マスカルポーネと一緒にのせて食べたら大正解だった。

1月12日～15日　『サヴィ』のベイク特集で前からやりたかった「ベーカリーズ・クッキー」という企画をさせてもらう。［タローベーカリー］のあんパンのあんこがおくどさんで炊いたような粒あんだな、と思っていたら、かつて［中村軒］にいらした奥さんの鬼頭寿美子さんが炊いているとのこと。

［フロイン堂］では久しぶりに「アンドーナッツ」を食べた。シナモンシュガーをまぶした生地の張りが強烈で、これでもかというくらいムッチムチ。今回の取材

で看板商品の食パンの生地を使っておられると知った。中はあっさりした粒あん。

2月11日　［両口屋是清］が発行する『いとをかし』という季刊誌の「あなたにとって和菓子とは？」というコーナーにエッセイを書かせていただくことになった。和菓子の歴史を豊富な写真と丁寧な解説で紐解いた、とてもきれいな雑誌。［両口屋是清］の職人さんである野尻吉雄さんの和菓子デッサンが繊細。vol.1の「餡」特集を購入したいと言ったら送ってくださった。

3月26日　『アンソロジー餃子』という本に『京都の中華』の原稿が一部転載されることになった。編纂者の方から「餃子」の「餃」の食へんについて旧字体を使うべきか新字体を使うべきか質問を受ける。その件について調べていると、「三省堂ワードワイズ・ウェブ」というサイトに同じ食へんである「餡」にまつわる興味深い記述が掲載されていた。文科省の常用漢字の制定・改正に携わる笹原宏之さんの連載「漢字の現在」の第34回『餡』の正体」というエッセイ。以下要約。
・「餡（カン、コン）」は、中国では米や小麦粉でできた饅頭・餃子などの中に入れる肉、野菜、小豆などででき た食品を指す（現代の中国では「シエン」と発音）。「アン」という発音は中国南方のもので、日本にはそちらが室町時代に伝わった。
・江戸時代になると、アンは次第に「小豆に砂糖を加えて作ったもの」、つまり現代の日本でいう「あんこ」を指すようになる。饅頭や餃子の中身としてだけではなく、団子に塗ったり、かけたり、さらにはくず粉や片栗粉でとろみをつけ、味付けをしてうどんや魚にかける、いわゆるあんかけのアンをも含めるようになっていく。
・「あんこ」という日本語は明治時代に現れる俗語で「餡粉」などの字も当てられた。中国では『水滸伝』の頃より「餡」を口語で「餡子（シエンズ）」ともいうので、その影響が及んだのかもしれない。
・朝鮮では「餡」の字が用いられたこともあるが、ベトナムではあまり用いられなかった。

4月2日　『ダンチュウ』のブック・イン・ブック「和菓子のいろは」企画で［wagashi asobi］を取材するため、東京へ。昼食には遅く夕食には早い出発だったので、ジェイアール京都伊勢丹で［今西軒］のおはぎ3つ入りパック（粒あん2個、こしあん1個）を買い、新幹線の車内で食べる。車窓の景色を見ながら食べるおはぎがおいしい。修学旅行に行くとき、家で持たせてもらったおにぎりのおいしさに似ている。知らない土地へ行く不安と期待の中での、食べ慣れた味の安堵感。

4月6日　育休中の児玉さんと学芸大学駅前の喫茶店でお会いする。［鶴屋寿］の「嵐山さ久ら餅」を手土産にお渡しする。児玉さんは、山下達郎と余白多めのあんこがお好きだそうだ。宮崎県のご実家から送られてきたという日向夏をたくさんもらった。

4月8日　『ダンチュウ』の「和菓子のいろは」企画で再び東京。［wagashi asobi］での取材中、ご近所さんだという製あん所の社長さんが来られて、「今の人の味覚に合うメッシュの細かさとは？」という議題について盛り上がり、皆さんに苦笑される。メッシュとは、こしあんをこす時の網のこと。稲葉基大さんと浅野理生さんに撮影用に作っていただいた、いちご味の練り切りがたまらなくおいしかった。

4月21日　北條製餡所の奥村さんや湊商事の湊さんより、『アズキと東アジア』という本を上梓された田島俊雄先生という方がいらっしゃるのでお会いしてみてはと教わり、大阪へ講演会を聴きに行く。東アジアの小豆経済の近況についてのお話が中心だったが、非常に勉強になった。講演中、壇上からマイクで田島先生に「今日は姜さんがいらっしゃってますね。私の説明は合っていますか？　首を洗って待っていましたよ」と話しかけられ、恐縮。

5月9日　湊商事の湊さんが台湾の小豆事情に詳しい振興実業の王裕良さんを紹介してくださるとのことで、三宮まで出かける。帰りに［トミーズ］の「あん食」などを買いながら、神戸の街を散歩する。途中、［tea room marble］という紅茶専門店があり、壁のメニュー表に「こしあんとチョコのサンド　150円」という文字を見つけたので入ってみる。ハイジパンのような形をしたハード系のパンに、こしあんと板チョコがはさんであった。お供はアッサムのミルクティー。丸亀港の［サイレンスバー］のマスターのこしあんサンドの話を思い出す。

5月23日　田島先生の研究室にお邪魔するため、大阪産業大学へ。『アズキと東アジア』共著者の張馨元さん、李海訓さんも東京から来てくださった。田島先生が上海の[沈大成]や[杏花樓]で調達してこられた珍しい形状のあんこ菓子を食べながら、東アジア各国で調査された時のご苦労や考察を拝聴する。中国の食文化を紐解くなら、中国最古の農業技術書『斉民要術』は必読とのご教示を受けた。

6月19日　日帰り名古屋小倉トーストツアー。1軒目は洋菓子喫茶[ボンボン]。洋菓子屋さんの作る小倉トーストらしく、ジャムのような透明感のある甘さのあんこ。2軒目は小倉トースト発祥の店[満つ葉]ののれん分けだという[まつば]。小倉トーストはメニューに書かれていなかったが、注文してみると即答で「できますよ」とのこと。こちらはホクホクしたおぜんざいみたいな粒あん。パンの内側にバターを塗ったのは、今のご主人の代からだそう。「あんドーナツがあるんだから油脂とあんことパンは絶対に合う」と思ったそうだ。ゲリラ豪雨のおかげでほかにお客さんがなく、ゆっくりお話を聴くことができた。

8月2日　六地蔵のMOMOテラスに設置される『百（もも）』というフリーマガジンで、高校時代の食の思い出についてエッセイを書くことに。同じ冊子の中で山科方面も取材するので、地元の方々に愛されているおいしいものを知りませんか、と編集部に聞かれる。高校時代の友人に尋ねたら、お母さんがご友人たちに聞いて回ってくださった。[山科亀屋]の最中、[喜仙堂]のわらび餅、[萬屋琳窕]の「銅鑼焼」など。

8月12日　『百』で藤森の[eight]というパン屋さんを取材。食パン生地で作った「あんぱん」がおいしい。トングでつかむ時に「あっ」と声をあげそうになるほどふわふわ。白あんにラムレーズンを加えた「ラムレーズンあんぱん」やよつ葉バターとあんこを味わう「あんパーニュ」など、昔ながらのあんパンを今手に入る食材で更新していて、好感。

9月17日　『京都の中華』の文庫本打ち合わせで東京へ。[亀十]に並んで「どら焼」を買う。京都のみかさ感覚には大きいので1個を2回に、あるいは1個を2人で分けて食べる。創業は大正末期だそうだが、あのシフォンケーキみたいなふわふわ生地の作り方は創業当初からあったものなのだろうか。

9月21日　田島先生より上海の［杏花樓］の月餅が届く。真っ赤な缶に「果仁豆沙」「緑豆蓉」「蛋黄芙蓉」「木瓜蓉」の4つ入り。広東式のオーソドックスなタイプとのこと。外皮にあんこの種類が模様文字のように刻印されているのが面白い。生地とあんこが一体化して、どっしりねっとりしており、プラリネのよう。「蛋黄芙蓉」は塩漬けの卵の黄身入りでチェダーチーズのような風味。翌日、知り合いの中国人の女の子に「昨日、月餅を食べたよ」と話すと「月餅は卵入りが一番好き」と即答していた。

9月29日　村瀬さんに奈良の［萬勝堂］の豆大福と栗大福をもらう。豆大福は赤えんどう豆かと思いきや黒豆大福で、栗大福は小豆あんに栗かと思いきや栗あんに渋皮付き栗入りのダブル栗だった。

10月6日　『つるとはな』の取材依頼のため、［盛京亭］へ。以前、奥さんの上田泰子さんに「姜さんはういろうはお好き？」と聞かれて、米粉のぼんやりした味が慣れなくてあまり進んで食べないです、というと「山口県のういろうを食べずにそんなこと言っちゃだめ」と［御堀堂］のういろうを勧められた。本わらび粉が主材料で、名古屋のものとは全然違うそうだ。あんこ味の「白外郎」もいいけれど、泰子さんはそれに黒糖を合わせた「黒外郎」がお気に入りとのこと。その時のことを覚えてくださっていて、「黒外郎」を1つ用意してくださっていた。七夕の笹飾りの短冊ほどの大きさで、もちっとかみ切る時の食感がたまらない。ふた噛みほどしたら、喉をつつーと気持ちよく通っていく。髙島屋の地方名菓コーナーに売っていると聞き、すぐに買いに走ってしまった。家族で分け合おうと包丁で切り分けたら、あの魅力的なもっちり感が半減してしまったので、お行儀は悪いけれど、包み紙をバナナの皮みたいにむいて直接かみ切った方が断然おいしい。本店に行くとできたての「生外郎」が買えるようだ。

10月15日　髙島屋に［御堀堂］の「黒外郎」を買いに行ったら、「新芋」というシールが貼られた［舟和］の「芋ようかん」が並んでいたので一緒に買う。京都では小豆の新豆、東京では新芋をことほぐ。

10月19日　［盛京亭］で撮影。終了後、カメラマンの齋藤さんと食事をご馳走になり、食後に［嘯月］の栗羊羹をひときれおすそわけしていただく。蒸し羊羹だけれどキリッと角が立っていて、栗の入り方が石庭の石のよう。冷めたてのゆで栗を思い出すみずみずしさとでんぷん質をたたえていた。料理のような羊羹だった。

10月28日～31日　佐賀県と長崎県が協同発行する旅雑誌(のちに『SとN』と命名)の取材で佐賀県へ。最終日、佐賀県観光課の石井淳子さんが家族御用達だという[高木羊羹本舗]の「百年ようかん」と「いちぢくようかん」のミニサイズをお土産にくださった。あんこの淡い味わいと表面の砂糖の結晶のしゃりしゃりがどちらも出しゃばることなく寄り添っている。お皿にのせた時のたたずまいも、もの静かで美麗。特に「いちぢくようかん」は、原始的な甘さとフルーティーさがあいまって惜しむように食べた。「村岡総本舗羊羹資料館」のサイトによると、佐賀県は羊羹消費量日本一で、練り羊羹は江戸や京都よりも早く肥前に定着したとの説もあるようだ。

11月12日　うめだ阪急のイベント「時をかける『あん』」で、今年出合った心に残るあんこ菓子について話をさせていただく。参加者のみなさんには[亀十]の「松風」と[御堀堂]の「黒外郎」の黒糖あんこセットをお土産にお持ち帰りいただいた。一年365日あんパンを欠かさないという坪内稔典さんみたいなおじいさんも参加してくださった。

12月3日　立命館大のびわこ・くさつキャンパスで開催された「食文化の交流—過去・現在・未来—アジアにおける食文化のダイナミズムを交流という視点から解明する」という国際シンポジウムに参加する。私淑する石毛直道さんが講演で「東アジアの食文化を語る時にベトナムは欠かせない」とおっしゃっていたので、終了後、お1人でおられたところをお見かけして「私はあんこを通して東アジアの食文化交流史を紐解こうとしているのですが、あんこについてもベトナムはやはり調査に行くべきでしょうか」と尋ねたところ、「僕は甘いものには通じていないけれど……」としばらく黙考され、「ベトナム人の友達にあんこを食べるか聞いてみられてはどうでしょうか」とおっしゃった。夜寝る時、鉄の胃袋と評され80以上の国・地域で食べてきた石毛さんも友達に聞くところからずっと始めてこられたんだ、と思って興奮した。

12月7日　田島先生より『アズキと東アジア』の書評を

寄稿した『大阪産業大学経済論集』が無事発行されました、との一報を受ける。中国は東アジア最大の小豆生産国なのに緑豆の方がポピュラーな存在であることや、日本では緑豆はもやしの原料として輸入されるのみであんこの材料として流通するどころか国内生産すらしていないことなど、興味深い点が整理できたし、「東アジアあんこロードを辿ってみたい」という野望とその動機も記すことができた。「東アジアのどの国においても、あんこの材料は基本的に小豆、水、砂糖または塩である。しかし、何かが少しずつ違う。その食され方に文化や味覚の違いがうっすらとにじんでおり、知れば知るほど、食べれば食べるほど、その国、その地域の素地にアクセスしているような手応えを感じる」「小豆およびあんこの味は東アジアに暮らす人々のみが共有できる『なつかしい味』（中略）なのである」

12月11日～14日　『SとN』で長崎県取材。松浦鉄道の松浦駅で売られていた「松浦太鼓」という最中にひとめぼれする。オセロのような大きさで、円柱状の粒あん羊羹の上下を最中皮ではさんだお菓子。皮が大変薄く、羊羹をかじった時に一緒にほろっと崩れてきなこのような風味になるところがおいしい。松浦鉄道の席には窓際に小さなテーブルが付いているので、そこにちょこっとのっけてペットボトルのお茶と食べた。包装紙を見ると「菓子工房ひでみ」という洋菓子屋さんが作っているようだ。

平成29年（2017）

〈東アジアあんこ旅　第1歩目〉（韓国・ソウル）

昨年から「東アジアのあんこを見てみたい」という思いが一層強まり、旅費や身の回りをととのえて挑戦してみることにした。自分に課した旅のゴールは「中国で本物の羊羹を食べること」。とはいえ、旅慣れた人間ではないので、まずは準備体操がてら、6年前に『クウネル』で取材した韓国・ソウルのあんこ処へお礼参りに行くことにした。

1月4日　到着早々、ホテルに荷物を置いて「新堂洞泉パッチュク」へ。オンドルの小上がりがなくなってテーブル席にリニューアルしていたが、チョン・チェホさんの美しい筆文字で書かれた「パッチュク」と「パッカルグクス」のメニューは額装して壁に残してあり、嬉しくなる。浅漬けの白菜キムチ、大根の水キムチのおいしさも健在。息子さん夫婦に代替わりしたようで、

6年前、『クウネル』という雑誌でお世話になった者です、と伝えると、奥さんのムン・ジョンイムさんが挨拶に出て来てくれた。チェホさんもお元気だそうだ。

その足で広蔵市場の［奨忠楽園トクチプ］へ向かう。こちらも息子さん夫婦に代替わりしていた。日本に10年間留学していたという奥さんが、キ・ウンエさんは現在、中部市場にある本店にいるということを流暢な日本語で教えてくれた。おしゃれなメガネをかけた2代目が焼いた「ススプクミ」をひとつもらい、明日行ってみます、と伝える。調べたら、その市場は私が泊まっているホテルの真向かいだった。

ちなみに、東大門市場にもそう遠くないホテルだったのだが、［クギル粉食］は残念ながら閉店してしまったようだった。

1月5日　朝一番に中部市場の［奨忠楽園トクチプ］に行ってみる。初めてお会いするお父さんが「中へどうぞ」と椅子をすすめてくれ、焼きたての「ススプクミ」と熱々のシッケをくれた。奥の作業場で大きなたらいを豪快に洗っていたキ・ウンエさんも、アジュンマ・パンチパーマ共に全くお変わりない様子。冬の韓国はすごく寒いと聞いていましたがそれほどでもないですね、というとお父さんが「甘い甘い」という顔でカレンダーを持ってきて、「大寒」と書かれた1月20日を指し「ここ！　ここになるとものすごく寒いから！」と教えてくれた。

その帰り、通りがかりに「흑미수수 호떡（フクミスス・ホットク）」という看板を掲げた屋台に人だかりができているのを見かける。清潔な顔をしたおじさんがきびきびとした動きで懸命に焼いていて、穀物っぽい黒い生地がおいしそうだったので1つ頼んでみる。よく見ると看板には日本語で「黒米地味ホットク」「黒米手数ホットク」と書かれていた（地味と手数ってなんだろう？）。その屋台は釜山風のおでんもやっていて、ホットク待ちのお客さんがおすましみたいに透き通ったおでんの汁を勝手におたまですくって紙カップで飲んでいるので、おそるおそる真似してみたら、思いきり熱々で練り物のだしが効いていて五臓六腑にしみわたった。ホットクの中はシナモンシュガーとナッツの砂糖あん。

夜は彫金作家のチョン・ユリちゃんと城北洞にある水炊き鶏とおこげスープの専門店で食事。ユリちゃんによれば、韓国の受験生は試験前、ゲンかつぎに大福を食べるらしい。韓国語の「붙다（プッタ）」という言葉

には「くっつく」「合格する」という意味があるため、もちもちとくっつく餅になぞらえて食べるとのこと。受験シーズンには餅屋さんからベーカリーまで、あちこちで売り出されるそうだ。そういえば今回の滞在中も、「タンパッパン」というあんパンや「慶州パン」という小さな焼き饅頭を売る店を見かけたし、「孝子ベーカリー」という老舗では栗羊羹も売っているらしい。韓国らしいあんこ処に「ベーカリー」も加えなければ。

1月6日　空港に向かう前に「シンジントクパンアッカン」へ。品物を並べているキム・ヘスンさんを見て嬉しくなる。干しかぼちゃ入りの「パッシルトク」は買えますか、と聞いたら、今朝は大福しかないと言われた。白、かぼちゃ、よもぎ、黒米の4種。とても色がきれいだったので全種類を買う。中身は何ですか？と聞いたら「アンコッ」と返ってきた。

夕方、無事に京都へ戻り、自宅で大福を食べる。かぼちゃ大福は中がかぼちゃあんなのかと思いきや、ほかと同じ小豆あんで、餅にかぼちゃが練りこんであるのが面白かった。大福と一緒に買った、粒あん入りのよもぎ餅に炊きつぶしただけの小豆をまぶしたお菓子もすごくおいしい。ソウルの朝生（あさなま）を夕方には京都で食べている不思議。東アジアあんこ旅ならではの醍醐味。〈第1歩目／完〉

〈東アジアあんこ旅　第2歩目〉（台湾・台北）

以前、『アズキと東アジア』の共著者である張馨元さんと大阪産業大学の研究室でお会いした時、「中国が広すぎて、どこから手をつけていいかわからない」と相談した。するとしばらく考えた後、「まず台湾の台北に行くといいと思います。台北の街はコンパクトだし、台北で流行ったスイーツ店が中国に進出することも多い。中国のあんこを占うヒントも見つかるかもしれません」とアドバイスをもらった。その言葉に従い、5月は台北に発った。

5月1日　台湾桃園国際空港着。3月に開通したばかりのMRT桃園機場線に乗ろうとするも、切符売り場に長蛇の行列ができていたので國光客運というリムジンバスで市内へ。初めての中国語にどぎまぎしながら切符を買い、ホテル最寄りのMRT中山國小駅で下車する。

ホテルの部屋で荷物をほどいた後、田島先生に教えてもらった台湾大学そばの「臺一牛奶大王」へ向かう。

先生の研究仲間である蕭明禮さんも台湾大学の院生時代に通っていたそうで、「紅豆牛奶冰」「綠豆牛奶冰」が好きとのこと。「プリンをのせると、さらに美味しくなるね」との魅力的なコメントもメールに添えてあった。

店は、2階のガラス窓からおしゃべりに花を咲かせるお客さんが見える感じが[銀座千疋屋]のフルーツパーラーにそっくり。メニューはかき氷、生ジュース、具入り白玉じるこの3本柱だ。おしるこメニュー表の末尾には「大餛飩湯(ワンタンスープ)」や「鹹肉湯圓(肉入り白玉団子スープ)」といった軽食風の一品もある。日本の甘味処のいそべ巻きやお雑煮みたいな感覚だろうか。

店の外まで行列が続いていたので、たじろぐほどバリエーションがある漢字メニューを吟味しながら並んでいたら、あっというまに自分の番が来てあわあわとなり、瞬く間に店内の視線の針山と化す。結局、壁に張ってある写真入りメニューボードのところまでダッシュして、「これ」と子供みたいに指さすはめに。そうしてかろうじて受け取ったのが「芝麻湯圓紅豆湯」。半透明の使い捨てプラスチック製れんげで汁をすくうと、濃い小豆色に反して汁の味が薄い。テクスチャーもシャバシャバだ。小豆の粒も割と多いが、ぜんざいがおかんカレーならこれは北海道のスープカレーぐらいシャバシャバなので、やはり呼ぶならおしるこだな……などと批評家きどりで眉間にしわを寄せつつ、白玉を口に放り込む。その瞬間、あっ！　となった。中からトロリと黒ごまあんが出てきて薄めの小豆汁と混じり合い、おいしい……！　この黒ごまあんのコクと入り混じること前提のシャバシャバだったのか。汁が薄いなどといちゃもんをつけた自分が恥ずかしい。おしるこも白玉も黒ごまも日本にあるのに、所変わればこんなにも違う甘味になるんだなあ、と感動する。

続けて蕭さんおすすめのかき氷も食べようとしたが、お腹がいっぱいなので、いったん店を出て街を散策する。学生街なので、京都の左京区みたいにのんびりしていて歩きやすい。出版社があるビルの1階に良さげな蔬食(野菜料理)の食堂があったり、若いお兄さんがやっている水果茶(フルーツティー)のテイクアウトの店があったり。途中、[誠品書店]という雑貨も本も扱う[恵文社]のような書店があったので入ってみる。そこの料理本コーナーで『手作餡料』というレシピ本を見つけ、興奮状態でレジへ。前半には肉あん、後半には甘いあんが当たり前のように「餡」として同分量で載っており、紅豆沙餡（小豆あん）に至っては「基本」「中式」「日式」と3種のレシピが載っている。台湾は繁体字で日本の漢字にも近いから、グーグル翻訳機に単語を打ち込んでいけば読めるかもしれない。

思わぬ収穫にほくほくしながら［臺一牛奶大王］に戻り、蕭さんレコメンドのミルクプリンと8種の具がのった「八寶奶酪牛奶冰」を例のダッシュ指さし方式で注文する。小豆、緑豆、金時豆、ゆでピーナッツ、ハトムギ、タロ芋、仙草ゼリー、くにくにした半透明のゼリーがかき氷の上に山盛りでのっており、韓国のピビンパプ状態。タロ芋とピーナッツが個性的な粘りを醸し出していたが、台湾の人はこういうねっとりした食感が好きなのだろうか？

5月2日　以前、神戸で振興実業の王さんにお会いした時に、「台湾の菓子業界を代表する人」と名刺のコピーをもらった林廷隆さんに会いに行く。名刺には「国賓大飯店」という敷居の高そうなホテルの名があった。ノーアポだったので「もし可能ならば、この方にお会いしたい」と遠慮ぎみにコンシェルジュにお願いすると、越野伸久さんという日本人のフロント・マネージャーの方が出てきて、林さんに電話してくださった。林さんが日本大学に留学していた時の後輩だそうだ。「面倒見のいい方ですから、きっとよくしてくださると思いますよ」と受話器を手渡してくれた。電話の向こうの林さんはもちろん日本語堪能、「ホテルの人に僕の会社の場所をタクシーに伝えてもらうから今すぐ来て」と言われる。越野さんにお礼を言い、タクシーに飛び乗った（運転手さんがワンピースと宝石の指輪を身につけたゴージャスなマダムでびっくり）。

到着したビルの9階に上がると、パワフルさ全開の林さんが迎えてくれた。林さんは製菓会社の社長さんで、国賓大飯店などの大手ホテルで販売する月餅などの高級菓子の開発と販売を手がけているそうだ。「僕は組織するのが大好き」とおっしゃる通り、林さんが重役を務める各種団体のパンフレットやパーティーの記念写真をたくさん見せてもらう。「姜さん見て。これが僕の世界」と日本の会社の名だたる会長さんや社長さんとのツーショット写真をパソコンの画面で見せてくれたが、［オーボンヴュータン］の河田勝彦さん、［ビゴの店］のフィリップ・ビゴさん、関西でおなじみの林裕人シェフしかわかってあげられなかった。

ふと気づくと、秘書の女性が会社のオリジナル月餅を少しずつカットして持ってきてくれていた。「姜さん食べて」と珈琲杏仁（コーヒーとアーモンド）、紅茶桂圓（紅茶とリュウガン）、橘香芒果（オレンジとマンゴー）などの月餅を勧められる。どれも初めて食べる味だが、小豆あんと絶妙に配合されていて、おいしくてびっくり。これまでに15種類以上の月餅あんを開発したそうだ。「全く奇抜な感じがしないですね。すごく洗練されていますね」というと「僕ね、古いもの興味ない。レトロ？　大嫌い！　今、いい材料いっぱいある。これで新しい味を作れなきゃ嘘」と至極まっとうな演説をした後、「で、誰の紹介で来たの？」と林さんが言ったので笑ってしまった。

林さんが「食事に行きましょう」とビルの屋上階にある飲茶レストランに連れていってくださった。ご一緒した奥さんのジュディさんも日本語が堪能で、私は[雙連圓仔湯]という店が好き、と教えてくれた。「どういうところが好きなんですか？」と聞くと「んー、なんとなく？」と小首を傾げておっしゃって、その一言で余計に行きたくなった。

タクシーでここに来る途中、和風の家屋を見かけましたが台北には日本統治時代の建物が結構残っているんですね、と話したら、「韓国は反発してぜーんぶ壊す。台湾はぜーんぶ取り入れる。資源のない島国なんだから、文化しかないんだから、いいところ取り入れてどんどんミックスしなきゃ。僕を見て。クラシックもジャズもポップスも全部聴くんだから」と林さん。「ところで姜さん、本の仕事だけで食べられないでしょ。生活費は何で稼いでる。あんこの開発アドバイザーとして海をまたいだ事業を立ち上げては」と割と真剣な顔でおっしゃるので、「あ、あの、また考えときます」と思いきり京都っぽくにごしてしまった。

林さんたちと別れた後、精力的にあんこ巡り。田島先生が「ここの緑豆糕は日持ちのしない本物」と教えてくださった[台北犁記餅店]、皮むき緑豆とリュウガンのおしるこを出す[緑豆蒜啥咪]、花豆あんの包子がある[士包子饅頭店]、林さんに勧められた現代的な中華菓子店[郭元益]など。途中、「日式銅鑼焼」と書かれた看板を掲げた老夫婦のリヤカー式屋台があり、ショーケースに「ナマカシ」というカタカナが印字されていた。

最後にジュディさんおすすめの[雙連圓仔湯]で蓮の実、白きくらげ、白玉が入った紅豆湯。夜9時頃に行ったが店は満員。持ち帰りのお客さんもひっきりなし。台北のおしるこ屋さんは日中から夜遅くまで通し営業している店が多いようだが、みなどんなタイミングで食べに行くのだろう。張さんには台湾の緑豆生産量は少ないと聞いていたが、緑豆のおしるこを出す店があちこちにあるのも意外だった。

5月3日　田島先生が「小豆が売られているのを見かけた」とおっしゃっていた龍山寺そばの市場を見に行く。アーケードに覆われたせまい歩道の両脇に肉、野菜、乾物、餅、総菜、食器などの店が同じような間取りで並んでいて、京都の錦市場によく似ている（あとで調べたら、統治時代の日本政府が作った「東三水街市場」という市場だった）。

台北ではかき氷やおしるこのメニューに必ずといっていいほどピーナッツのバージョンもあったので、ジュディさんに「ピーナッツも小豆や緑豆の仲間という感覚なんですか？」と聞いたら「違う。別のもの」と言っていたが、確かにこの市場でも雑穀屋さんとナッツ屋さんは別業態として店があった。雑穀屋さんの様子を撮っておきたくて、写真を撮る真似をして断りを入れたら、前歯がほとんどない店番のおじさんがオフコース！　と格好よく言ってくれた。お礼に小豆と緑豆を1袋ずつ買ったら、バッグが腰が抜けそうな重さになり、脂汗が出る。

危険な重さのバッグをさげたまま、「廣記 総統饅頭・包子」で台湾南部風のバター入り「緑豆包」、さらに「朱記餡餅粥店」で「牛肉餡餅」「花素餡餅」を買う。日本で「餡餅」と聞けば、誰もが甘い小豆あんを使った餅を思い浮かべると思うが、北京料理店であるこのレストランに甘い餡餅はひとつもなく、肉あんと野菜あんのみ。ルーツに近い「餡」を目の当たりにし、興奮する。

お腹的にも時間的にもこれ以上食べられない、というところで空港へ。ところが、台北車駅の地下街で、滞在中ずっと探していた「薔薇派（ローズパイ）」を発見してしまう。ここの「素紅豆」という粒あんを使った素食パイが食べてみたかったのだ。素食とは台湾で盛んなベジタリアン・フードのことで、素食レストランに行くとタロ芋あんのたい焼きなど、面白いあんこ菓子があると聞いていた。スーツケースを引きつつパイを平らに持つのは苦行だったが、何とか空港に到着。ごま菓子を分け合うおばあさんらの「セーセー（ありがとう）」という台湾語を聞きながら待合席で食べたあんこパイは、粒あんがフレッシュで、握りたてのおはぎのようだった。

帰りの飛行機でうつらうつらしながら、台北のあんこ処として「かき氷とおしるこの店」「包子の店」「中華菓子の店」「素食の店」をインプットする。〈第2歩

目／完〉

5月24日　児玉さんと京都で『あんこの本』の文庫打ち合わせ。［ぎをん翠雲苑］のランチのデザートで選んだ自家製の「ココナッツ団子」がすごくおいしかった。2軒目に行った［永楽屋 喫茶室］の「冷やし抹茶ぜんざい」も、ひとすくいして食べるなり、「これおいしい」と会話を遮ってしまう。とろみのある抹茶しるこの底に白小豆の粒あんが沈んでいて、大きな白玉と一緒にすくって食べる。

5月28日　インセクツ主催のイベント、KITAKAGAYA FLEAで企画されたアジアブックマーケットへ。台湾の雑誌『台味誌』の編集部のみなさん、『秋刀魚』の編集長のエヴァ・チェンさん、韓国の書店［THANKS BOOKS］のイ・ギソプさんらに「あなたの思い出のあんこについて話を聞きたいので、そちらに行ったら会いに行ってもいいですか」と挨拶する。『台味誌』の編集長が台湾の小豆産地とおすすめあんこメニューを可愛いイラスト付きでA4用紙に即興で描いてくれた。

6月7日　児玉さんより「解説のご検討をお願いしていた横尾忠則さんから、お返事の代わりにファクス原稿がきました！」とのメール。熱を出し、寝込む。

6月8日　朝日新聞朝刊一面の連載『折々のことば』で鷲田清一さんが『あんこの本』で紹介した［河藤］の先代主人の一言を紹介してくださった。詩人の故・長田弘さんも以前、東京新聞・中日新聞の連載『小さな本の大きな世界』で『あんこの本』を取り上げてくださったのだが、その時に抜粋されていたのは［河藤］の2代目主人の一言だった。

6月10日　五右衛門という古民家の集会所で［珈琲山居］の居山さん夫妻が出張喫茶をされると聞き、三宅八幡へ出かける。自家菜園のあぜで摘んだよもぎ入りのお米アイスに奥さんの優子さんが炊いた粒あんを添えたものをいただく。自家焙煎の深煎りコーヒーもおいしい。

6月12日　母が髙島屋の［御座候］で赤あんと白あんの回転焼きを買ってくる。白あん、おいしい！　青くささなくて、ホクホク。［御座候］の白あん、こんなおいしかったっけか？　豆のホクホクと旨味は残していんげん豆のえぐみだけ取り去った感じ。回転焼きは熱々より冷めたのがおいしいと思う。

6月22日　寝しなに突然「居酒屋さんの品書きにおはぎがあったらいいのに」という考えが浮かぶ。ひと通り飲んだ後、お箸でおはぎをつつきつつ、おちょこの残りの日本酒のアテにしてお開きのきっかけにする。お箸は、最後に新しいおしぼりをくれる店のように、綺麗なものに替えてくれる。

6月23日　『あんこの本』の文庫化の許可どり。71歳になる［玉製家］のご主人が「これから夏やし大変やわ。お客さん、おはぎ持って炎天下を歩かはるから、冷房入れられへんねん。あんこ炊く部屋、夏は40度まで上がりまっせ。そこで3つも釜に火ぃつけたらえらいことなる」とおっしゃっていた。その話を聞いた母が「おいしいとかおいしないとか簡単に言うたらバチ当たるなあ」と言った。

6月28日　ロサンゼルスから帰省していた高校時代の友人と［永楽屋 喫茶室］で会う。アメリカ人男性と結婚して渡米したが向こうで水無月を手作りするほどの和菓子好き。ロスの韓国料理店でデザートにおはぎが出てきて感動したという話を聞く。

6月29日　知り合いの韓国人の女の子にロスのおはぎについて話し、「韓国にもおはぎってあるの？」と聞いたら、「パッススギョンダン」ではないかとのこと。1歳のお祝いに食べるらしい。少し小ぶりで団子状だけど、確かにおはぎそっくり。

7月6日　［両口屋是清］さんからお中元をいただく。水羊羹を冷やすついでに「旅まくら」も冷やして食べてみたら、舌にきめこまかいこしあんがひんやりとのって、とてもおいしかった。

7月16日　突然、求肥入りの最中が食べたくなり、［中川政七商店］で買った「麻の葉もなか」に道明寺粉の餅をはみだすほどたっぷりはさんで食べることを思いつく。焦がした餅(皮)とプレーンな餅(道明寺餅)の間に、好きな塩梅であんこをはさんでわがままに食べる。最中バーガーと命名。

7月20日　祇園祭の鯉山を見て、［永楽屋 室町店］の

「水あずき」を2つ買って帰る。祇園祭の間だけのお楽しみ。太めのストローで勢いよくすすると、ポテッとしたしずくが喉をつつーとつたっていく。水のように澄んだ淡い淡い甘み。小豆の香りもかすか遠くに。しっかり飲みごたえのある量もいい。氷をひとキューブ入れて、ぐるぐるかき混ぜて冷やしながら飲むとさらにおいしい。

7月21日　［菓亭わかつき］から新作の「抹茶白あずきキャンデー」が届いたので夕食後にいただく。この緑の濃さが静岡茶。この清涼感が富士山水。一口ごとに白小豆がいい感じで、2、3粒、コリコリッと入ってくる。練乳などを使わないところもいい。若月さんに感想文をファクスする。

7月22日　『七緒』で「京都あんこ歳時記」という連載を始めることに。着物に歳時記があるように、京都ではあんこにも季節を見ているというもの。第1回目は秋あんこ。新豆の時期の［まるき製パン所］の長いあんパンと丸いあんパンについて。

〈東アジアあんこ旅　第3歩目〉（中国・北京）

台北で食べた北京式の「餡餅」であんこのルーツに限りなく近づいた興奮を覚えたことから、次の行き先には北京を選んだ。ほかにも、小麦粉文化圏のあんこが気になったこと、日常的に羊肉を食べる北方地域なので本物の羊羹に近づく可能性が高いなど、北京に行く理由は山ほどあった。

また、宮廷の食文化が庶民に広まった点や「胡同」という生活路地がある点が、私の暮らす京都に似ているので、理解しやすいかもしれないと思ったこともある。

そして、中国では夏に緑豆の消費量が急増するという話も確かめたくて、真夏の北京へ向かった。

8月8日　北京首都国際空港着。空港の大きな柱や入国審査カウンターに赤がふんだんに使われていて、日本で小豆の赤を尊ぶ風習は中国の赤信仰から来てるんだったな、と思い出す。

エアポート・エクスプレスと地下鉄2号線で安定門駅へ。地図を見せてもわからない人が多いのに、「方家胡同」と路地の名前を言うとすぐに「あっち」と指さしてくれるので、へえーと思う。方家胡同はかなりのレトロ感が漂っており、緊張で少し身を硬くしたが、しばらくすると「ノスタルジアホテル ベイジン ヨン

ホラマ テンプル」のモダンな入口が見えてホッとした。後でわかったことだが、このホテルは旋盤工場跡をリノベーションした「方家胡同46号」という施設の一つだそうだ。同じ敷地内には、いい感じのカフェやレストラン、ギャラリーもあった。胡同は、京都の町家みたいに若い人たちが古いものを残しつつリノベーションしたくなるような場所なんだな、と理解する。

すでに夕方5時半を回っていたが、歯を磨いてとりあえず出かけることに。すると入口の向かいに、看板も何もないが明らかに素敵なものを置いている店があった。中国茶葉と茶器の店のようだ。奥のテーブルで、花柄のワンピースを着た女の子がきれいな三角に切られたチーズケーキと中国茶を囲んで友人らしき人たちと楽しそうに話している。その光景がとてもよかったので、「このお店は何時から何時まで開いていますか?」と英語で聞く。すると、「んー、From 2 o'clock to...to...late?」と返事もまた愛らしかったので、「夕食を食べてから戻ってきます」と伝える。

地下鉄5号線で北京っ子御用達の小吃(軽食)チェーン店だという[护国寺小吃店]へ向かう。地元感が満載。対面注文式のため、店員さんの視線にプレッシャーを感じつつ、１００種類以上あるメニュー表の中からかろうじて判読できた「老北京」という字を目で拾い上げ、「老北京炸醬麵」を頼む。支払いをしようと財布を開いたら、女子高生みたいな店員の女の子に「わー、10元札を輪ゴムで留めてる」と笑われた(と思う)。炸醬麵は、大豆の水煮やセロリ、ニンジン、モヤシ、キュウリ、二十日大根(?)の千切りなどの具がのった皿、麺の鉢、麺の茹で汁の小碗、肉味噌の小皿が別々になった、想像より手のこんだものだった。肉味噌の醬油感と熱々の麺の茹で汁が疲れた体に助かった。

そして目的のあんこものを注文。前もって予習してきた北京を代表する伝統スイーツ「豌豆黄」「驴打滚」「艾窝窝」を筆談で伝える。「豌豆黄」はえんどう豆の羊羹で、韓国のコピパッの味にそっくり。やわらかい餅であんこをくるくると巻き、きなこをまぶした「驴打滚」は雑穀の味が絡み合う、やさしくも深い味わい。そして、小さなおはぎのような「艾窝窝」は半殺しの餅米の香りが高く、すごくおいしい。でも中身はあんこではなく、刻んだサンザシ(?)入りのガリガリ砂糖だった。

夜9時半頃、例の中国茶葉と茶器の店に寄ってみると、先ほどの店主らしき女の子が奥のテーブルに手招きしてくれた。菊花茶やウーロン茶をいただきつつ、互いにたどたどしい英語で話す。彼女のニックネームはパンパンちゃん。中国にそういう名前の有名なパンダがいたそうだ。もともとは別の場所で[no tea]という店をやっていたが、この胡同が好きで3年前に引っ越してきた。今では看板も店名もないが、前の店を知っている人は no tea の店とか、パンパンの店と呼ぶらしい。たまに京都で小笠原流の煎茶を学んでいて、和菓子作りや濃茶を体験したこともあるとのこと。東京は bigger で modern すぎて好きじゃない、old なものが好き、と話すパンパンちゃんに何か通じるものを感じ、じゃあ今度ぜひ京都を案内させてと言ったら、[恵文社]に行きたいと言っていた。

北京に来た目的は？　と聞かれたので、私はライターで、豆沙が好きで、本を書いているうちにあんこの歴史のスタートは中国にあると知ったので、勉強しにきた。と言っても食べにきただけだけど……と説明すると、パンパンちゃんが「日本は何の豆沙？」と聞いてきた。そうか、ここでは小豆とは限らないんだ、と気づき、「almost 紅豆沙です。緑豆沙は食べないし、緑豆を生産することもしていない」というと驚いていた。中国で緑豆沙（リードゥシャー）を使ったお菓子といえば、「緑豆糕」というしっとりとした緑豆の落雁をよく食べるとのこと。「そうそう、これも中国茶によく合うと思う」とローズ風味のあんこパイ「鮮花餅」をくれた。北京の若者なら誰でも知っているという素敵なブリキ箱に入った「川流虢制」なるブランドの茶葉を買い、気づいたら夜0時。明日も来てください、違うお茶を出しますから、と言ってくれる。

8月9日　昨夜、パンパンちゃんに「中国の北方の人は饅頭（マントウ）をよく食べる。ここも饅頭の店なんだけど、みんな豆沙包を買っていくから行ってみるといい」と教えてもらった[鼓楼饅头店]に行ってみる。工事現場風の人、涼しそうなつば広帽をかぶったおじいさん、主婦っぽいおばさん、職業不詳のブラブラしてるおじさんが並んでいたので、列に続く。蒸し場はクリーンで、おばさんとお嬢さんが忙しそうに立ち働いている。蒸し器に並んだ白い球体の景気よくふくらんでること！　すごい腰高ぶり。おそらくプレーンの饅頭だ。しかし私の目的はあんまん。「豆沙包、イーガ」と中国語で伝えてみたら、意外とスムーズに買えた。豆沙包は生地がふわふわかと思いきや、めくれるほどの厚い外皮の中にみっしりと目の詰まった層があり、モギュモギュした食感。皮には甘みも香りもないが、粉臭さもない。発酵しきった、これぞ粉の国の主食という感じ。おやつには少し遠く、塩気のあるスープがほしくなる味だ。あんこは[まるき製パン所]みたいなホクホク系でしっかり豆の香りがする。甘みもあっさりでかなり好みだ。そしてずっしりたっぷり入っている。1個でお腹一杯になった。あんまんを食べながら、店の壁に「老北京手擀面」という看板があるのに気づく。また「老北京」。老北京って何だろう？

同じくパンパンちゃんに「素敵なオールドビルディングやコーヒーショップがある」と教えてもらった国子監胡同を歩いてみる。その入口で、またもや「老北京酸梅湯」「老北京酸牛奶」という看板を見かける。その通りには［White is good］という白い雑貨を置いている店や［LOST&FOUND］という素敵なセレクトショップもあった。「LOST&FOUND」という言葉が、パンパンちゃんら北京を選ぶ若者たちの心を刺激している感覚なのかな、と思った。

次に、南鑼鼓巷駅へ。乾さんに教わった宮廷風チーズデザートを出す[文宇奶酪店]に行くためだ。地上に出るやいなや観光客でごった返しており、観光地仕様のカフェや買い食いショップばかりでちょっと辟易したが、だいぶ奥まで進むと[文宇奶酪店]の本店があった。前から食べてみたかったカッテージチーズであんこをのの字に巻いた「豆沙奶巻」（愛媛・松山のタルトにそっくり）はないと言われてしまったので、「紅豆双皮奶」というミルクプリンのあんこのせを頼み、店内のカウンター席で食べる。プリンが適度に冷えていて、ミルクの風味がやさしく、とてもおいしい。上にのっている小豆はあんことというより甘納豆だ。

同じ通りに、中華菓子の量り売り店[稲香村]もあったのでのぞいてみる。ショーケースに積み上がった生菓子と、ワゴンに山盛りの個包装のお菓子が店内をボリューム満点に埋めている。不思議だったのは、いわゆる日本の羊羹が「羊羹」と書かれて密封パックのミニサイズで売っていたこと。こちらでも羊羹って、この羊羹なのだろうか？

時間がなくなってきたので、北京最古のムスリム街である牛街を目指して広安門内駅へ。［奶酪魏 牛街総店］に向かう。マンションの1階にテナントで入っているが、１８８８年創業の老舗。ここが宮廷風チーズデザートの元祖らしい。外に木製テーブルが置かれており、おじいさんやおばあさんら地元の住人っぽい人たちが涼みながら食べていたので、なんだかホッとする。とにかく漢字のメニュー表が読めないので、前もって書いていったメモを見せたが、やはり「豆沙奶巻」はなく、「红豆双皮奶」ならあると言われる。こちらのミルクプリンは練乳の一歩手前のような素朴な味。上に黄色い膜が張っていて、いかにも手作りという感じだ。「红豆双皮奶」の小豆は細くて小さい、日本ではあまり見たことのないもので、やはり甘納豆風に仕上げてある。カップに牛の絵と「清真」という単語、そしてエキゾチックなマークがあるので、誠実に育てた牛の搾乳を使ってますみたいなことかなー、と思ったら、どうやらハラルフードのマークのようだ。牛街のメインストリートを歩いていると、そのマークをつけたレストランがたくさんあった。

途中、「牛街礼拜寺」という独特の雰囲気を醸しているモスクがあったので入ってみる。白い帽子をかぶったおじさん2人がしゃべっていて、「見学できますか?」と英語で聞くと、発泡スチロールに平面の世界地図を無理やり貼り付けた地球儀を持ってきて「どこから来たか」と聞かれた(と思う)。日本を指すと、さらに質問してくるが全くわからない。とりあえず5元払うと、「あー、もう、中国語一つもわからずにやって来て……」と呆れたように笑いつつ、通してくれた。

案内板にここは北京市最古のモスクで、オリジナルは996年に建てられたとある。1200年代に作られたというお墓もあった。礼拝する前に入るお風呂だと説明されている建物があり、ドアが開いていたので覗いてみると、本当に入浴中のおじさんたちがいて焦ったが、現役のモスクなんだなーと思い、北京より西を感じた。

その時、突然、ここで羊を食べなければいけない気がしてきた。これまで読んできた文献で、中国から伝わってきた饅頭は肉あんだった、とあった。羊羹からして饅頭の肉も羊肉だったのではないか。この街ではどのような味付けなのか知りたくなり、界隈でひときわ大きなハラルフードのマークを掲げていた「牛街洪記小吃店」という店で「羊肉包子」を買ってみる。うまい! くさみが全くなく、牛肉よりあっさりしている。きざみネギと醬油の具合も絶妙だ。

隣ブースは同じ店の甘味部門のようで、例の「豌豆黄」「驴打滚」「艾窝窝」がショーケースの中から手招きしていたのでまた買ってしまう。ここのお菓子、おいしい! 「豌豆黄」は豆の野性味が強く、みずみずしい。「驴打滚」は小豆あんにデーツが混ぜてあるようで絶妙に甘酸っぱい。「艾窝窝」もおそらくデーツ入りの小豆あんで、やはり半殺しの餅米が美味。ここのお菓子はまた機会があれば、ひと通り食べなければ。

　時計はすでに6時半。歩き回りすぎてかなり疲れていたが、目的地の半分も達成できていないので、頑張って東大橋駅の「北平羊湯館」に向かってみることにする。乾さんから「現在、中国では羊肉のスープを羊羹ではなく羊肉湯と呼ぶらしい」と聞いていたから、羊羹には巡り会えなくてもせめて羊肉湯は食べなくては、と思っていたのだ。北京在住の方が書かれているブログで紹介されていたこの店のアドレスを頼りに、地下鉄を30分ほど乗り継いで工人体育場東門方面へ向かう。が、たどり着いた店の扉に移転のお知らせ的なチラシが見えて、落胆する。しかも擦りガラスの向こう側に張ってあるので読めない。通りがかったおじいさんに助けを求めるも、老眼鏡がないと読めないと言って、ただただ立ち尽くすおじいさんと私。結局、リンゴをしゃりしゃり食べながらやってきたボブヘアの女性が助けてくれて、移転先の電話番号をどうにか判読してメモしてくれた。しかし最寄り駅は私のガイドブックに載ってすらいない地下鉄6号線の褡褳坡駅という駅だという。ここまでもかなり遠かったので思わず「It's so far……」とうなだれると、「Not so far だ。6号線に乗るだけじゃないか」となぜか励まされる。店名と電話番号だけでたどり着けるだろうか……。

　行って見つからなければすぐ帰ろう。力を振り絞り、地下鉄に乗る。褡褳坡駅に到着して地上に出るとあたりは真っ暗。周りは盛大な道路工事中で、ぬかるむ道に足を取られて泣きそうになりつつ、5、6人に道を聞くもすげなく首を横に振られる。さんざんウロウロした挙げ句、駅に戻り、最後の1人にしようとスマホをいじっていた若い女の子に聞くと、再び一緒にさんざん迷った挙げ句、店に電話してくれて店の前まで連れていってくれた。

　かくして「北平羊湯館」は、それまでの苦労が一気に報われる店だった。「羊肉湯」はほろほろっと肉の繊維が崩れ、塩加減がもう抜群。苦手なモツも入っていたが、全然おいしい。むしろ食感的に飽きないからもっと入れてほしいと思ってしまった。パクチーと極太の春雨がたっぷり入った茶色いスープは醬油味かと思いきや薄い塩味で、だしが効いてる感じではなく、白湯っぽいんだけど、本能がこれは精がつくぞと言ってくる味。黒酢やとうがらしがまた合う。一緒に頼んだ「麻醬焼餅」はボソボソで中がみっしり目の詰まった層になっており、醬油か味噌みたいな茶色とのマーブル模様になっている。単品だとそこまでおいしくないのだが、羊肉スープと食べると絶妙のもさもさ感と香ばしさが生きて、あー、これはご飯なのだな、と思った。
喜びと疲労と安堵でクタクタになりながら、9時過ぎにパンパンちゃんの店へ。今日の珍道中を聞いてもらおうと中に入ると、先客が1組。黒縁メガネをかけたチャイナ・プレッピー・ボーイと、黒髪のボブヘアに白のノースリーブ・ニットの美女。パンパンちゃんに説明を受けながらいろいろな骨董を買っていたので、プレッピー・ボーイにこの骨董をどうするのですか、部屋に飾るのですか？ と聞くと、「このold pieceを茶器に見立てて、ティーパーティーをするのだ」という。思わず「You are high sense people.」と感心すると「High sense people ! It's a nice phrase!」となぜかウケて、会話が始まった。
プレッピー・ボーイにもなぜ北京に来たのかと聞かれたので、「日本のあんこは中国の羊羹（羊肉スープ）が変化してできたものだといわれているので、私の夢は中国でリアル羊羹を食べることなんです。今日も羊肉湯を食べてきました」というと「僕は中国西北部のムスリムの多い地域に生まれたのでラムを日常的に食べてきたけど、そんな話は初めて聞いた。今の中国の若い人は羊羹といえばJapanese sweetsをイメージする」とのことだった。そんな……。「Oh...my dream...」とがっかりすると、プレッピー・ボーイが急に焦り出し、中国のwiki（百度百科）をスマホで調べて「わー、ほんとだ！ 羊羹はラムスープって書いてある！」と騒いだり、「羊羹のことでちゃんとしたことがわかったらメールするからアドレスを教えて」と申し訳なさそうに何度も言われる。「この近くに［元古（ユエングゥ）］という和菓子、洋菓子、中華菓子を扱う店があるから是非行ってみて」と地図も書いてくれた。「ほかにどんなものを食べたの？」と聞かれたので、私が牛街で食べた「豌豆黄」「驴打滚」「艾窝窝」をデジカメで見せると、それは「北京のレストランなら必ずある京八件という8ピースのデザートの内の3つだ」と教えてくれた。予感はしてたけど……。［稲香村］でちょっと
彼らが帰ってからもパンパンちゃんと遅くまで喋る。街角で何度も見かけた「老北京」というフレーズの「老」は、「トラディショナル」という意味だそうだ。とすれば、「老北京」は「北京の伝統的な」という感じだろうか。明日の朝、この胡同の近くにある［姚記炒肝］という店に行ってみるといい、北京のトラディショナル・フードがほぼ全てあるから、と言われた。「私、この胡同の近所の店しか知らないの。ごめんなさい」とパンパ

ンちゃんは恥ずかしそうに笑ったが、それが逆に信頼できた。

　別れ際、可愛い瓶に入った桂花酸梅湯と、お気に入りだというヨーグルトドリンクをくれた。実は明日のお昼に発つので、今日はありがとうとさようならを言いにきたんです、と告げると、明日は頑張って朝11時には来るから寄って、とのこと。暗いけど家まで歩いて帰るのは大丈夫？　と聞くと、ここは住んでいる人がいっぱいいるから24時間セーフティ、と愛犬と一緒に歩きながら帰っていった。

　8月10日　朝、パンパンちゃんに聞いた「姚記炒肝」に行くと、家族客が緑豆粥らしきものを食べているのを目撃する。見た目は台湾で食べた緑豆のおしるこに似ているが、器が日本でいうラーメン鉢ほどもある。前払いカウンターへ行き、頭に薄桃色の固形リボン・カチューシャをつけた娘さんにオーダーを試みるも疎通できず、紆余曲折を経てなぜかワンタンになってしまった。

　それにしても私が1個で満腹になったあの大きな包子を、みな朝から2、3個は食べている（ある男の人は5個食べていた）。小学生ほどの女の子も、包子のあんのところまで一気に半月状に大きくかじっていた。ああやって食べるのか。そして誰も水を飲んでいない。スープで水分をとっているようだ。

　そういえば昨日、国子監胡同にある「三元梅園」という店で、ふられにふられた「豆沙奶巻」を見かけたな、と思い出し、食べに行ってみる。のの字の生地はカッテージチーズみたいな淡いミルク味で、ホロホロキシキシした濃厚なきめ細かい食感。あんこにはやはりデーツが入っているようで、ジャムのような、果実のようなみずみずしさがある。これはおいしい。思わず店のおばさんに「ハオチー」と言う。

　11時頃、ホテルをチェックアウトしてパンパンちゃんの店に行く。が、1時間待っても来なかった。また必ず北京に来ます、おいしいお茶をありがとう、とノートの切れ端に書いてドアに貼って出発する。あんまり暑いので安定門駅出入口のキオスク的な店で緑豆アイスバーを食べたら、これがものすごくおいしかった。抹茶のような香りの奥に豆の風味。まだまだ知らないあんこがあるなあ、と思いながら地下鉄に乗った。

　北京は粉と餅と羊と乳のあるところにあんこありだった。あんこ処としては「老北京をうたう店」「小吃店」「饅頭店」「奶酪店」「中華菓子店」、そして「羊肉湯店」

も入れておこう。〈第3歩目／完〉

〈東アジアあんこ旅　第4歩目〉（ベトナム・ハノイ）

昨年末にシンポジウムで石毛直道さんの講演を拝聴した時、「ベトナム人の友達にあんこを食べるか聞いてみては」と助言をいただいた話を児玉さんにしたら、ベトナムに詳しい友人をご紹介しましょうか、と連絡してくださった。ホーチミンの日本総領事館に勤めておられた「さーさん」こと森さやかさん。気さくなリラックス女子ながら、こちらがたじたじとなるほどの緻密さとスピードで現地のお知り合いにアンケートを送ってくださり、ハノイ3名、ダナン1名、ホーチミン5名の回答をあっという間に翻訳してくれた。

しかし、このあたりから、あんこ旅は新たな迷宮入りを始める。当初こそ「あー、ドラえもんが食べてるやつね」とほほえましい反応が現地より返ってきていたものの、「バイン（餅菓子）のニャン（詰め物）に小豆は使わない。見るのは中秋節の月餅ぐらい」「ニャンに使うのはほぼ緑豆。その次によく使うのがココナッツ、ドリアン」「ただしチェー（ベトナムの伝統的なスイーツ）には小豆や黒豆、白豆、フジ豆などを甘く煮て使う」「餅菓子は田舎の店からフェイスブックを通して買う」など、素材も業態もこちらの常識が及ばない域に達したため、とりあえずハノイに飛んだ。

8月15日　ハノイのノイバイ国際空港到着。乗り合い制のエアポート・ミニバスに乗って市内に向かうも、激しい渋滞に巻き込まれる。どんな隙間でもスクーターが突っ込んでくるので運転手さんもイライラしてクラクションを連打している。挙げ句の果てには路上に置いた椅子でお茶を飲んでいるおばあさんたちに「そこどいてください」と無茶を言い、歩道に乗り上げて走り抜ける始末。いつ着くんだろう……と不安になったが、結局1時間遅れでホテル着。

夕食の約束をしていたさーさんの友人のヴ・ティ・ジエウ・フオンさんに慌てて電話する。「キムマーバスターミナルからBRTという高速バスに乗ってアンフンという駅に来て。渋滞がすごいけど焦らずに」とのこと。ホテルのフロントにキムマーバスターミナルまで歩いたら遠いですかと聞いたら「遠くはないが危険です」と不穏なことを言われる。仕方なくタクシーを呼んでもらったが、やはり渋滞によってホテル到着まで15分、バスターミナル到着まで45分。が、BRTはなぜか予定通り30分で着き、総合的には1時間遅れでフオンさんに会うことができた。

フオンさんのご家族と賑やかに夕食を食べた後、フェイスブックで買ったという「bánh khúc（バイン・クック）」を見せてもらう。さーさんによれば、ベトナムは国民の平均年齢が30・4歳（2015年時点）と若く、SNSの浸透率がかなり高いとのこと。ゆえにフェイスブックでの買い物も盛んなようだ。

ともあれ、「バイン・クック」のサイズは大人のにぎりこぶしぐらい。緑豆あんを芯にして、「クック」という香りのある葉で緑色に色づけした餅米、白い餅米の順に包んで蒸したものである。豚の脂身の角切りが混ぜ込まれた緑豆あんは塩とブラックペッパーがしっかりきいており、ベーコン入りのマッシュポテトを食べているようだ。ベトナムの人はこれにポーク・ソーセージ（または豚肉）やすりごまピーナッツ塩を添えて朝食としてよく食べるそうで、ホテルの人に蒸してもらって朝食べるといい、と冷凍したものを1つくれた。

夕食後、フオンさんが、ショッピングモールの中にあるアラビカ種100％のコーヒー・スタンドに案内してくれる。その向かいでは、［Kinh Đô］という月餅の店が盛大に商品を並べていた。10月の中秋節に備えて今から贈りものの準備を始めるらしい。陳列棚にはよく見る中国の焼菓子タイプのほかに、蒸し上げたような白い餅生地タイプもあった。フオンさんが、試しに買ってみる？　とそばについてくれたが、100種類ほど商品名が書かれたベトナム語の値段表を前にあわあわとなり、2、3個買ってみるも、中のあんこが何だったかメモするのを失念。覚えているのは「đậu đỏ kiểu Nhật」という商品があり、フオンさんが「red bean paste of Japanese style」と言っていたことだ。


8月16日　翌朝9時にフオンさんとホテルのロビーで待ち合わせ。まずはフオンさんお気に入りのチェー屋さんがあるというホム市場へ向かう。

1軒目は、銀行前の路上でチェーを供する女性の店。ビールジョッキ風のグラスに砕いた氷と好きな具を入れてもらい、ココナッツ・ミルクをたっぷりかけて、長いスプーンでかき混ぜて食べる。私は緑豆、黒豆、金時豆、くにくにした半透明のゼリーを選んだ。フオンさんは、この金時豆を red bean と言っていたが、小豆との呼び分けはあるのだろうか。

途中、路上で餅米生地に緑豆あんを包んで揚げているおばあさんがおり、1つ買い求める。緑豆あんがほんのり甘くておいしい。同じ餅米生地で甘い緑豆あんと塩味の春雨あんの2種から選べるようだ。

2軒目はフオンさんのお母さんが娘さんだった頃から続くという［Mười Sáu］というチェー屋さん。こちらは店舗を構えているものの、ドアはないタイプの店。「chè trôi nước（緑豆あん入り白玉を浮かべた生姜風味の葛汁）」「xôi chè（薄く甘みづけしたとろみのある緑豆スープにウコンとcốmで黄緑色に色づけしたおこわをのせたもの）」を食べる。「cốm」とは緑色をした若い餅米のことらしい。xôi chèはスープにおこわをつけて食べるつけ麺ならぬつけ飯タイプもあるそうだ。まだ朝10時だというのに満腹になり、「Sticky rice is dangerous.」とかなり怪しい英語でフオンさんにそれとなく胃の限界を伝える。

次に、郊外からやって来る天秤のもの売りの人たちに会えそうなドンスアン市場を目指す。が、無秩序にごった返しており、路地の向こうに見えているすぐそこの屋台に行こうにもスクーターの波をかわせない。初日にホテルの人に言われた「遠くはないが危険です」という言葉を思い出す。フオンさんも「It's chaos.」と疲れた表情。早々に引き上げる。

移動の途中、フオンさんが車を降りて緑豆とココナッツ・ミルクのアイスキャンデーを買ってきてくれた。やさしい味ですごくおいしい。「緑豆のパウダーを感じるでしょ」とフオンさん。調理しやすいよう穀物を粉に挽くという方法は万国で見られるが、もしかしたら、日本のあんこも小豆を粉に挽いてから加水と加熱を行うこしあん状のものが先だったのかもしれない。

緑豆アイスで元気を取り戻し、ハンタン通りへ。お目あては、「bánh cốm（バイン・コム）」というハノイ伝統の緑色の四角い餅菓子だ。黄色が目を引く透明なゼリー（?-）生地の「bánh phu thê（バイン・フー・テー）」もセットで並んでいる。フオンさん曰く、ここは「wedding street」で、結婚が決まると、ここで緑色と黄色のバインを1メートルほどのタワー状に積み上げたものを作ってもらい、結納の準備をするそうだ。フオンさんが実際に結婚した時に使ったという老舗の［Nguyên Ninh］など数軒で買った後、フオンさんがフェイスブックでよく買うという自然食志向の食材店［Đỗ Thế Gia］の実店舗でも買ってみた。

緑色のバイン・コムはcốmの香りがふくよかで、もちもちのもの、練り切りのようなものなど店によって個性があり、楽しい。緑豆あんも、きめ細かいもの、粗挽きなもの、ココナッツ・ファインがザクザク入っているものなど多彩だ。同じく緑豆あん入りのバイン・

フー・テーは葛ゼリーのようにぷるんぷるん。タピオカ粉でできているそうだ。漢方薬のような独特の香りがある。色からしてクチナシだろうか。

それにしても、cốm＋緑豆あんのコンビ率の高いこと。特にcốmは、緑色の色づけと風味づけに多用されるようだ。路上の行商の女性から押し麦のような原型の状態でも買い求めたが、フレッシュなとうもろこしのような味と甘みで、食べる手が止まらなかった。ベトナムでは、緑は木々が芽吹く春、つまりものごとの始まりを意味する色だと聞いた。お正月には緑のほかに赤や金といった色も好まれるそうだが、日常のあんこ菓子に関しては緑色が圧倒的優勢と言っていいかもしれない。

午後はファム・キエウ・リエンさんたちと合流。花や果実などの天然素材で色をつけたカラフルなあんこ餅や良質の食材を使った自家製月餅で有名な［Gia Trịnh］、ベトナムの伝統的な緑豆のらくがん「bánh đậu xanh（バイン・ダウ・サイン）」をスタイリッシュなお茶菓子として生まれ変わらせた［Dragon Ky Anh］など、素晴らしい店々に案内してくださった。リエンさんの通訳として同伴してくれたトモカさんという日本人の若い留学生の方も「ザボンの白いわたを甘く煮込んでトロトロにしたチェーを出すカフェがあるんです。そういえばそれにも甘く煮た緑豆が入っていました」と地図に書き込んでくれる。旧市街の［Lutulata］という店。ザボンの白わた……。

夜はリエンさん宅でお母さん手製のブンチャーをご馳走になる。シソやミントなどのグリーン・ハーブの香りの鮮烈さに驚き、緑の国なんだなあ、とますます実感する。同じく通訳として同伴してくれた日本人留学生のタマコさんがあんこ好きで、今日一緒に来られなかったことを悔やんでくれた。

8月17日　昨日、トモカさんに教わった旧市街の［Lutulata］へ。旧い建物を使った素敵なカフェで、バルコニーのある2階で例のザボンの白わたのチェー「chè bưởi（チェー・ブゥオイ）」を食べる。見とれるほど透明な葛状のとろとろの汁が風邪の時でも食べられそうなやさしい口あたりで、甘い緑豆の煮豆とよく合う。生ココナッツの細切り、揚げココナッツのフレーク、そしてココナッツ・ミルクの三重奏も南国ならでは。チェーと別れるのが名残惜しく、とうもろこしとcốmのチェーも持ち帰りする（もはやあんこが入っていない）。旧市街を散策したのち、路上チェー屋さんのおばさんみたいに、いい感じの建物の柱角を探して、そこに座って食べた。

バイン・ミーで軽く夕食を済ませ、フオンさんに「あなたが泊まっているホテルの裏に、フエ出身の女性がやっている素敵なチェー屋さんがあるから是非行ってみて」と言われていた、［Chè Thập Cẩm］という店に行ってみる。「一番おいしいチェーをください」というベトナム語を書いておいた手帳を見せると、メニュー表の一番上にある「Chè thập cẩm cốt dừa」を持ってきてくれた。タピオカのような団子一粒一粒にココアパウダーやサクサクしたフルーツのようなものが入っており、口の中が楽しい。

と、そのチェーを食べながらメニュー表を眺めていたら、「huế」という字のあるメニューを見つけてしまった。これが食べるべきフエ風チェーだったのだろうか。今夜ハノイを発ってしまうこともあり、少し無理して、「huế」の字が入った一番長いメニュー名の「Chè huế sầu riêng cốt dừa」を2杯目に頼んだら、フオンさんが「私は絶対に食べない」と顔をしかめていたドリアンのチェーだった……。

不意打ちのドリアンにふらつきつつ、残り時間でホテル周辺を散策。その途中、出版社が直接本を売るアンテナ書店がずらりと並んだ書店街があった。いくつかの店にベトナム・スイーツについての本はないか聞いてみたが、ないとのこと。残念だったが、ドラえもんのベトナム語版を出している出版社の店舗があったので2冊ほど買ってみた。帰国後、グーグル翻訳を駆使してドラえもんやのび太の吹き出しを訳してみると、どら焼きは「bánh rán（ドーナツ）」となっていた。

出発前、ベトナムのあんこ処として「餅菓子の店（テイクアウト）」「チェーの店（イートイン）」「路上の行商の店（イートアウト）」、少し特殊だが「フェイスブック・バイン」を想定していたが、あながち大きく外してはいなかった。が、それだけでは網羅できていないことも確信した。ハノイに来て、あんこの定義がまた揺らぎ始めた。食べてみても素材と調理法に想像が及ばず、何ひとつ断言できない。何といっても、ここでは、日本であんことといえば小豆であるのと同じくらいの根の張り方で、あんことといえば緑豆なのだ。赤と緑くらい違うのだ。

あんこへの道は迷宮入りした。しかし、ここから新たな扉が開くような予感もする。〈第4歩目／完〉

文庫版あとがき

本書は平成22年（２０１０）3月に京阪神エルマガジン社より発刊された単行本『あんこの本』を文庫化したものである。基本的には単行本の内容をそのまま収録したが、文中で紹介した店の閉店、移転などの大きな変化については、平成29年（２０１７）10月時点でわかった情報を〈追記〉として書き添えた（一部は文庫版付録「続・あんこへの道」に日記として記した）。また、単行本発刊後に判明した新たな事実、価格変更、誤記などについても加筆と修正を行っている。

この本の写真は全て「シノゴ」という大判フィルムで撮られている。「あんこの質感をこれでもかと見せたい」と言ったら、そうなった。撮影した齋藤圭吾さん曰く、通常は建築写真などに使うフィルムだそうである。私の初著である本書はビギナーズ・ラックを地でいく行程を経て完成した。その道のりに伴走いただいた京阪神エルマガジン社の村瀬彩子さんにまずは深謝したい。

文庫化にあたっては、文春文庫の児玉藍さんに大変お世話になった。また、単行本に引き続き、デザイナーの有山達也さんとアリヤマデザインストアの皆さんが装幀を手がけてくださったことも嬉しかった。そして、あんこの求道者として雲の上の人であった横尾忠則さんに解説をお引き受けいただいたことは、私のあんこ史上最大の事件である。

私はあんこの、真剣に語れば語るほど安穏とするところが好きだ。どの国のどの街の人も、「あんこ」と言っただけで昔からの友達のように思い出を語ってくれた。「よくぞ聞いてくれた」と惜しみなく製法を教えてくれた。忘れがたい時間と言葉をくれた全ての方に心よりお礼申し上げる。

著者

あんこの本 取材店リスト（全36軒）

亀末廣（かめすえひろ）

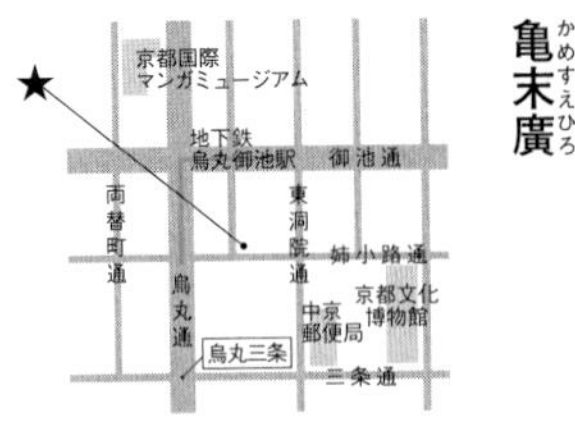

京都府京都市中京区姉小路通烏丸東入ル　☎075-221-5110
8:30～18:00／日・祝休
*大納言は12月初旬～3月下旬の販売で480円／取り寄せ可

紫野源水（むらさきのげんすい）

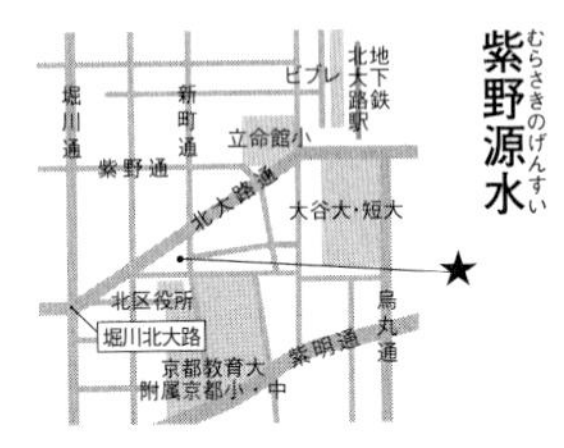

京都府京都市北区北大路新町下ル
☎075-451-8857
9:30～18:00／日・祝休
*生菓子は基本的に予約注文制。松の翠は常時販売で140円、箱6本入り（干菓子付き）1,120円／取り寄せ可

銀閣寺㐂み家（ぎんかくじきみや）

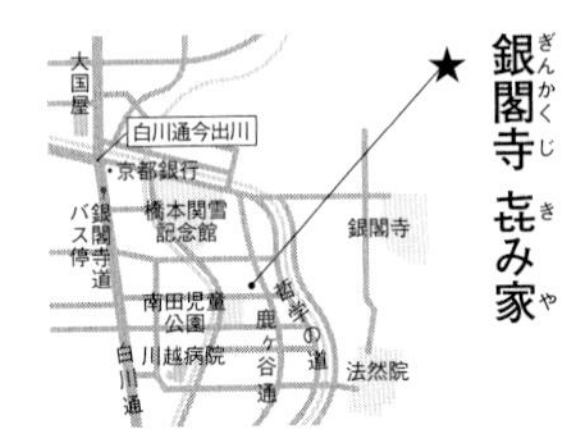

京都府京都市左京区浄土寺上南田町37-1　☎075-761-4127
11:00～17:00／不定休
*あんみつ750円、白玉煮あづき650円

松壽軒（しょうじゅけん）

京都府京都市東山区松原通大和大路西入ル　☎075-561-4030
10:00～18:00／日・月曜休
*生菓子は基本的に予約注文制。あんころ餅は夏の土用の入りの日前後（7/20頃）の販売で200円

中村製餡所（なかむらせいあんしょ）

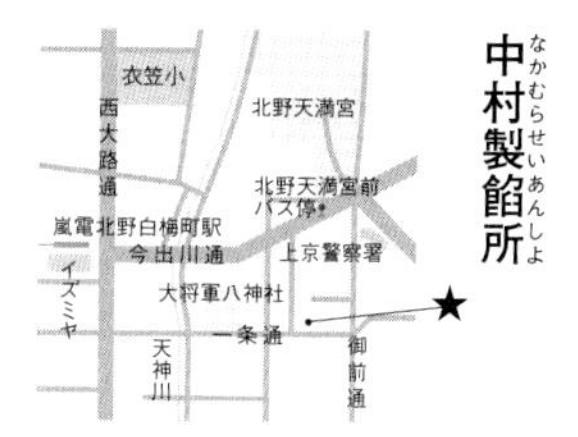

京都府京都市上京区一条通御前西入ル大東町 88　☎ 075-461-4481
8:00 ～ 17:00／日・水曜休
*あんこ屋さんのもなかセット（粒あん、こしあん、白こしあん各500g ）1,100 円／取り寄せ可

みつばち

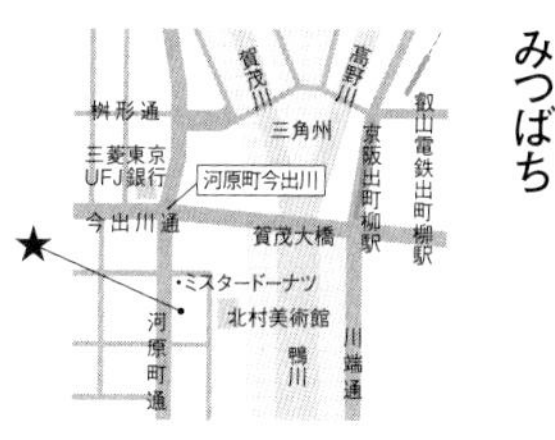

京都府京都市上京区河原町通今出川下ル梶井町 448-60
☎ 075-213-2144
11:00 ～ 18:00／日・月曜休
*ミニあんみつと冷し白玉ぜんざいのセット950 円／あんみつは取り寄せ可

冨美家（ふみや）

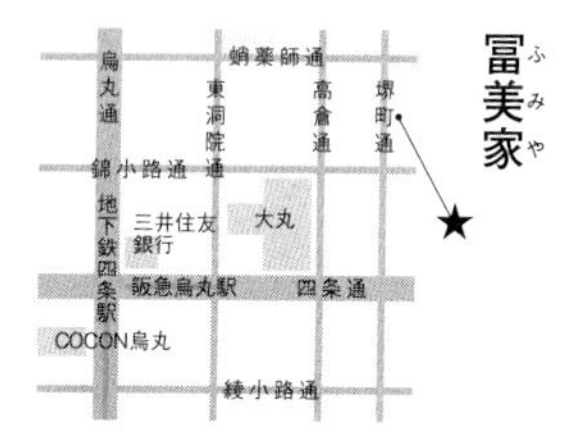

京都府京都市中京区堺町通蛸薬師下ル菊屋町 519　☎ 075-222-0006
11:00 ～ 16:30
（金・土・日・祝～ 17:00）／無休
*亀山 460 円

関西雑穀株式会社（かんさいざっこくかぶしきがいしゃ）

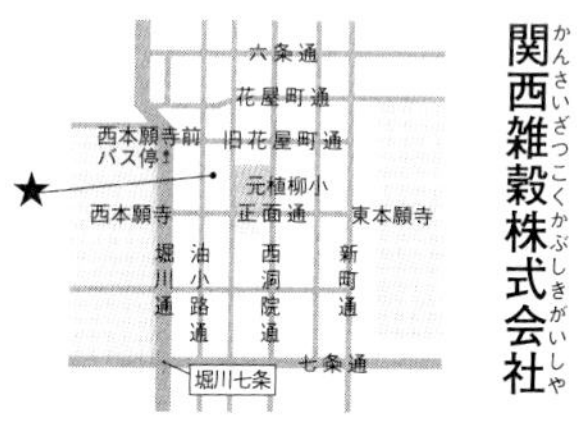

京都府京都市下京区油小路通花屋町下ル仏具屋町 236
☎ 075-343-3131
9:00 ～ 18:00／土・日・祝休
*小豆の量り売りは 1kg から

出町ふたば（でまち）

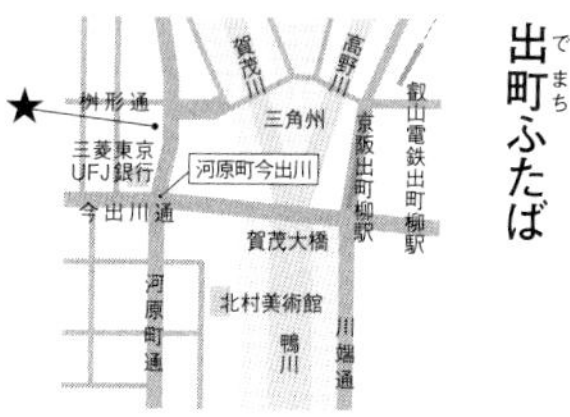

京都府京都市上京区河原町通今出川上ル青龍町 236　☎ 075-231-1658
8:30 ～ 17:30
火・第４水曜休（祝日の場合翌日休）
*豆餅 180 円

井上砂糖店（いのうえさとうてん）

京都府京都市北区紫竹西高縄町 69
☎ 075-491-8318
9:00 ～ 18:00／無休（不定休あり）
*小豆の量り売りは 2dl から

河藤（かわとう）

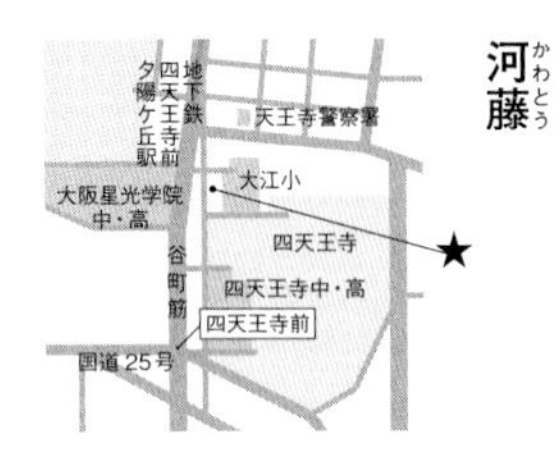

大阪府大阪市天王寺区四天王寺
1-9-21　☎06-6771-6906
8:30～19:00／火曜休
*生菓子は予約注文がベター。葛まんじゅう3種は夏季のみの販売で各310円

菊壽堂義信（きくじゅどうよしのぶ）

大阪府大阪市中央区高麗橋2-3-1
☎06-6231-3814
10:00～16:30／日・祝休
*生菓子は基本的に予約注文制。大福2個800円～、葛ふくさ（4～9月）2個850円～。イートインは高麗餅700円、氷しるこ（6～9月）700円

かん袋（かんぶくろ）

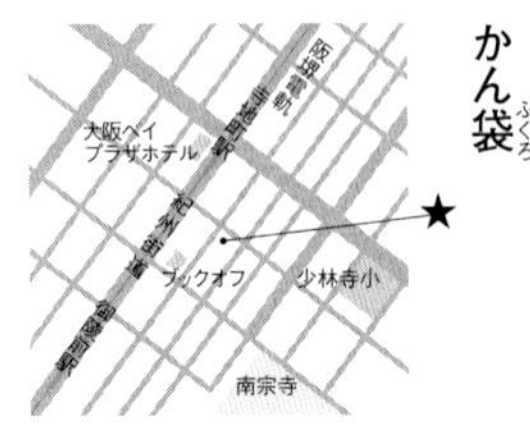

大阪府堺市堺区新在家町東1-2-1
☎072-233-1218
10:00～17:00（売り切れ次第終了）
火・水曜休（祝日の場合は営業、他の日に振替休）
*くるみ餅はポット入り2人前920円～、壺入り3人前1,850円～。イートインはくるみ餅、氷くるみ餅ともにシングル360円、ダブル720円

出入橋きんつば屋（でいりばしきんつばや）

大阪府大阪市北区堂島3-4-10
☎06-6451-3819
10:00～19:00（土曜～18:00）／日・祝休
*きんつば100円、箱10個入り1,100円～、しがらぎは5～9月の販売で10個入り1,250円。イートインはきんつば3個300円、しがらぎ4個500円

玉製家（ぎょくせいや）

大阪府大阪市中央区千日前1-4-4
☎06-6213-2374
14:00～売り切れ次第終了／日・祝・木曜休（お彼岸・お盆時期は営業）
*おはぎ6個入り907円、8個入り1,210円、10個入り1,512円、15個入り2,268円

茶丈藤村

滋賀県大津市石山寺 1-3-22
☎ 077-533-3900
9:00～18:00／火曜休
*たばしる 185 円、箱 6 個入り 1,250 円／取り寄せ可。イートインは飲み物とセットで 700 円

桔梗堂

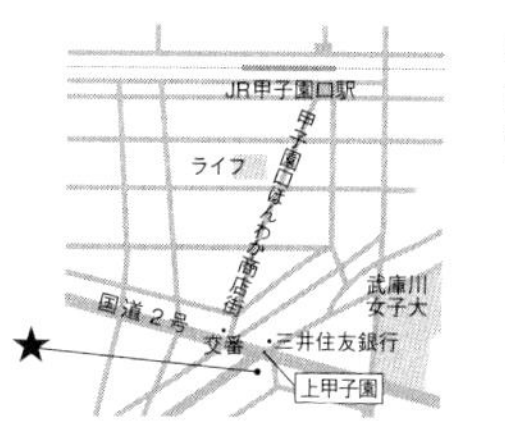

兵庫県西宮市甲子園二番町 1-16
☎ 0798-48-1611
8:00～19:00（日曜～17:00）／不定休
*白珠知故は 3 月下旬～ 12 月上旬の販売で 305 円／取り寄せ可

冨士屋

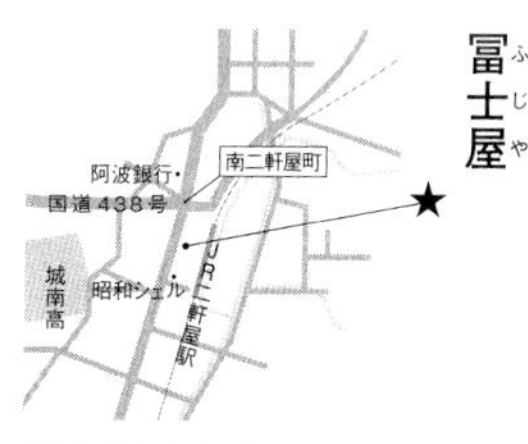

徳島県徳島市南二軒屋町 1-1-18（本店）　☎088-623-1118
8:20～20:00／無休
*小男鹿 2,060 円、半棹 1,130 円／取り寄せ可

トミーズ

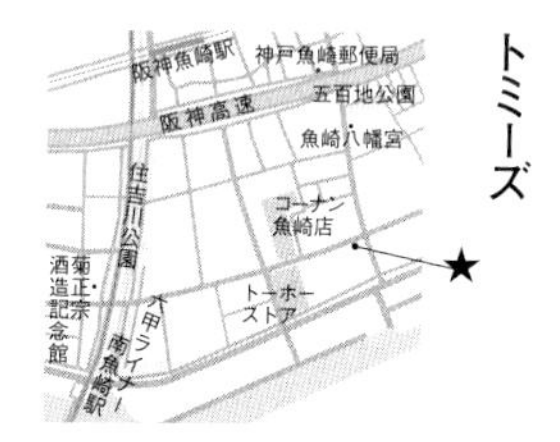

兵庫県神戸市東灘区魚崎南町 4-2-46（本店）　☎ 078-451-7633
6:30～18:30／無休
*あん食 1.5 斤 650 円／取り寄せ可

白玉屋榮壽

奈良県桜井市大字三輪 660-1（本店）
☎0744-43-3668
8:00～19:00／月曜休（祝日の場合翌日休）、第 3 週のみ月・火曜連休、毎月 1 日は営業（振替休あり）
*みむろ小型 100 円・大型 200 円、箱 12 個入り（小型）1,200 円／取り寄せ可

蜂蜜ぱんじゅう松や

三重県伊勢市岩渕 1-13-21
☎0596-23-8133
9:30～18:00／水曜休
*ぱんじゅう（粒あん、こしあん、カスタード、伊勢茶入り生地の粒あん・こしあん）各 70 円／取り寄せ可

北川製あん所（きたがわせいあんしょ）

香川県丸亀市西本町 2-7-12
☎0877-22-5288
8:30〜16:30 ／日・水曜休
＊あん・はいっちゃった!! マフィン 140〜150円、とろ〜りあん 500g 465円

中将堂本舗（ちゅうじょうどうほんぽ）

奈良県葛城市當麻 55-1
☎0745-48-3211
9:00〜18:00（売り切れ次第終了）
7/1〜31、8/20頃〜31、12/31〜1/10休
＊中将餅は2個180円〜、箱12個入り1,000円／取り寄せ可。イートインは中将餅2個と煎茶のセットで300円

あんですMATOBA（まとば）

東京都台東区浅草 3-3-2
☎03-3876-2569
8:00〜18:30 ／日・祝休
＊シベリア 220円

萬々堂通則（まんまんどうみちのり）

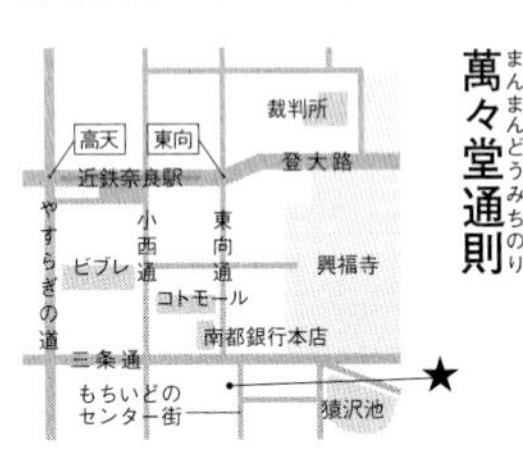

奈良県奈良市橋本町 34 もちいどのセンター街 ☎0742-22-2044
9:00〜19:00（木曜 10:00〜17:00）
木曜不定休
＊ぶと饅頭 216円、箱5個入り 1,188円〜／取り寄せ可

徳太樓（とくたろう）

東京都台東区浅草 3-36-2
☎03-3874-4073
10:00〜18:00（土・祝〜17:00）
日曜休（行事により変更あり）
＊きんつば 135円、箱6個入り 920円／取り寄せ可

みよしの

愛媛県松山市二番町 3-8-1
☎089-932-6333
10:00〜17:00（売り切れ次第終了）
水曜休
＊おはぎ1人前5個 650円

村上屋餅店（むらかみやもちてん）

宮城県仙台市青葉区北目町 2-38
☎022-222-6687
9:00～18:00
不定休（月曜の場合が多い）
＊づんだ餅 3 個入り632 円。イートインはづんだ餅 659 円

松島屋（まつしまや）

東京都港区高輪 1-5-25
☎03-3441-0539
9:00～17:00／日・月2回月曜不定休
＊新栗むし羊羹は 9 月中旬～12月頭の販売で2,400 円（要問い合わせ）／取り寄せ可

中里（なかざと）

東京都北区中里 1-6-11
☎03-3823-2571
10:00～18:00（土・祝～17:00）
日曜休
＊ぶどう餅 1,131 円／夏場以外は取り寄せ可

松翁（まつおう）

東京都千代田区猿楽町 2-1-7
☎03-3291-3529
11:30～15:30　17:00～20:00
（土曜 11:30～16:00）／日・祝休
＊小倉そばがき 1,300 円

大口屋（おおぐちや）

愛知県江南市布袋町中 67（本店）
☎0120-00-9781
（受付は 9:00～17:00）
8:00～18:00／無休
＊餡麩三喜羅 141 円、箱10 個入り1,512 円／取り寄せ可

福田パン（ふくだパン）

岩手県盛岡市長田町 12-11
☎019-622-5896
7:00～17:00（売り切れ次第終了）
無休
＊あんバター159 円

菓亭（かてい）わかつき

静岡県富士市本市場 22-2
☎0545-61-4863
9:00～19:00（日・祝～18:00、売り切れ次第終了）／月曜休
*あずきキャンデー 130円／取り寄せ可

えがわ

福井県福井市照手 3-6-14
☎0776-22-4952
8:00～19:00
水曜休（水羊かん販売時期は無休）
*水羊かんは 11/1～3/31 のみの販売で 700円／取り寄せ可

唐土庵（もろこしあん）いさみや

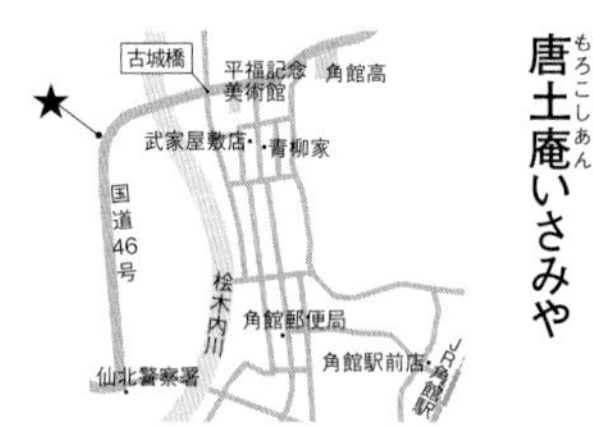

秋田県仙北市角館町小勝田下村 21
（工場店）　☎0187-54-3226
夏季のみ営業 8:30～17:30
日・水曜休（変更の場合あり）
*通年営業の角館駅前店、武家屋敷店もあり
*もろこしあん 6 包（2個1包）485 円～／取り寄せ可

*価格は内税。掲載データは2017年10月現在の情報です。年末年始・お盆時期の営業、取り寄せ方法については各店に直接お問い合わせください。

解説　つぶあん至上主義

横尾忠則

いつのことだっけ、天野祐吉さんがまだ亡くなる前だ。天野さんもぼくも二人共あんこには目がない。そこで、じゃ「あんこについて対談しない？」とある日天野さんが言ってきて、「料理王国」で対決することになった。なぜ「対決」かというと天野さんはこしあん派、ぼくはつぶあん派だ。二人共死んでもあとに引けないという「思想」対決になった。そこで何を語ったかは全く記憶にないが、本書の編集者の児玉藍さんの記憶によると、ぼくは次のようなことを語っている。どら焼についての考察である。「あんは実生活、皮が芸術、あんがうっすら付いた皮の部分、つまり実生活が反映した芸術生活が好き」と語っていたそうだ。全く記憶がない。「なんのこっちゃ⁉」、自分の言葉ながら難解すぎて、よーわからん。芸術家というのはよーわからんことを言うね。

さて、本書『あんこの本』について書かなければならない。著者、姜尚美さんとは面識がないが、「あんこなら横尾さん！」と思われたかどうかは知りませんが、ご指名をいただいたので、あんこのためならとお引き受けをすることになった。著者の姜さんはもともとあんこが苦手だったが、あんこについての知識や教養が欠如しておられて、「きちんと知らないせい」のために食わず嫌いだったそうだ。それがある日、口にした京都の生菓子で一目惚れ。そして「知れば知るほど」とおっしゃるが、ぼくに言わせれば観念的にこの世界に入られたように思う。

味覚は本能的なもので、生まれながら、いや生まれる前から運命づけられているのである。人生の途中で好きになった、それも「知れば知るほど」とはどーいうことでしょう。味覚は頭で味わうものではない。理由もなく「うまい！」これが全てです。

説教じみてきました。本題のあんこに戻りましょう。あんはあんでもぼくはツブあん派です。こしあんはダメです。ツブあんは胃の中に入ればこしあんになって二度あんを味わうことができます。かなり理屈っぽいでしょう。天野さんとの論争で勝つための理屈です。結局二人は引き分けで終りました。

ぼくは生まれる前からつぶあん派です。京都の上品なおはぎには興味がないのです。東京のおしるこもダメです。ボタ餅がNo.1です。田舎のおばあちゃんが握ってくれた大きいあんころ餅のぼた餅につぶあんをどっさりまぶした、手の平からはみ出すほどの特大のおはぎです。姜さんの本でいえば松壽軒のあんころ餅ですが、これとて上品すぎます。もっと巨大あんころでなきゃダメです。一つ食べただけで業を積むぐらいでなきゃ人生といえません。銀閣寺㐂み家の白玉はＯＫです。出町柳みつばちの冷し白玉ぜんざいも美味そうです。それ以上に興味があるのは双子の姉妹です。中々の美人ですね。芸大出の恵子さんの「理論を学んでない」のがよかった。あんこは理論ではない。感覚です、霊感です、決して理論ではありません。芸術も理論ではそこそこのものは作れますが、天才的な作品はできません。どうぞ天才的な芸術あんこを創造して下さい。お二人共生まれながらの美人です。その美人が作るあんこは芸術です。

大阪、出入橋きんつば屋の「しがらぎ」これも見た目に美味そーです。「あんこときなこが混ざったところをお餅にのせて」食べるんですか。ぼくはきなこも大好きです。きなこもあずきももともと豆ですからね。それから松山市大街道のみよしのおはぎ五種、これならこのサイズでＯＫです。一度に五個同時に口の中に放りこんでしまいたい欲求にかられます。それにしても姜さんは本当にあんこを訪ねて幾千里も旅をされるのですね。ここまで執着すれば、もはや悟りの境地です。

最後に仙台の村上屋餅店のづんだ餅です。仙台にいる友人が時々づんだ餅を送ってくれるんですが、今度から村上屋餅店のづんだ餅を指名してみましょう。

ぼくは何んでもありの画家ですが、ことあんこに関してのアイディンテテイはコトンとも揺れません。つぶあん至上主義です。もはや思想以上、魂の「つぶ」やきに命をかけているのです。あれもこれもでは達成感が得られません。未完で終ります。人生はもともと未完で生まれ、生老病死を経て未完で終ります。ぼくの創造もその通りです。だが、しかし、あんこに関してはつぶあん、つぶあん、つぶあん、です。ぼくはこのつぶあん至上主義によって自分の芸術と対決しているのです。

姜さん、命がけで愛して下さい。一妻多夫もいいですよ。でも一穴主義はもっと快楽の極みに到達できます。そう、変態的、狂気的に愛することです。その時人は悟性を獲得できるのです。

ナンノコッチャ!!

（美術家）

写真
齋藤圭吾
アートディレクション
有山達也
デザイン
中本ちはる（アリヤマデザインストア）
イラスト
佐藤ゆきこ
地図
木村弥世
編集
児玉藍

単行本　二〇一〇年三月　京阪神エルマガジン社刊
＊文庫化に際し、加筆修正を行いました。

何度でも食べたい。あんこの本

定価はカバーに表示してあります

2018年3月10日　第1刷
2024年4月25日　第5刷

著　者　姜　尚　美

発行者　大沼貴之
発行所　株式会社　文藝春秋

東京都千代田区紀尾井町3-23　〒102-8008
TEL　03・3265・1211(代)
文藝春秋ホームページ　http://www.bunshun.co.jp

落丁、乱丁本は、お手数ですが小社製作部宛お送り下さい。送料小社負担でお取替致します。

印刷・図書印刷　製本・加藤製本

Printed in Japan
ISBN978-4-16-791043-3